Hermann Remmert

Natur**SCHUTZ**

EIN LESEBUCH
nicht nur für Planer, Politiker,
Polizisten, Publizisten und Juristen

Zweite Auflage

Springer-Verlag
Berlin Heidelberg New York
London Paris Tokyo
Hong Kong

Professor Dr. Hermann Remmert
Fachbereich Biologie der Universität Lahnberge
Karl-von-Frisch-Straße
3550 Marburg/Lahn

1. Auflage 1988   10 000 Exemplare

CIP-Titelaufnahme der Deutschen Bibliothek

Remmert, Hermann:
Naturschutz : ein Lesebuch, nicht nur für Planer, Politiker, Polizisten,
Publizisten und Juristen / Hermann Remmert. –
2. Aufl. – Berlin ; Heidelberg ; New York ; London ; Paris ; Tokyo ; Hong Kong :
Springer, 1990
ISBN-13: 978-3-540-52410-6   e-ISBN-13: 978-3-642-75590-3
DOI: 10.1007/ 978-3-642-75590-3

Umschlaggestaltung: Jörg Kühn, Heidelberg
Gesamtherstellung: Appl, Wemding
2131/3130-543210 – Gedruckt auf säurefreiem Papier

INHALT

1 DIE BÜHNE

OHNE DEN MENSCHEN wäre Deutschland überwiegend von Wald bedeckt. Auf sehr durchlässigen Sand- und Kiesböden – etwa um Nürnberg, bei Darmstadt und der Lüneburger Heide – würden Eichenwälder vorherrschen; der überwiegende Teil Deutschlands von Schleswig-Holstein bis in die Alpen würde von Buchenwäldern bedeckt sein. In größeren Höhen (im Harz ab 800 m) würden Fichten eine wesentliche Rolle spielen.

Dieser Wald wäre nicht einförmig, so wie man es sich vorstellt. Es würde große Lichtungen geben, in den Eichenwäldern würden große Bestände mit Birken und Kiefern vorhanden sein, und gewitterbedingte Feuer würden durch den Eichenwald hindurchgehen. Auch die Buchenwälder würden große Lichtungen zeigen, und es würde Bestände von Bergahorn, Spitzahorn, Esche, Birke, Hainbuche, Wildkirsche und Wildapfel geben. Im Süden der DDR würden Linden hinzukommen.

Die Tiefländer um die Flüsse und in den Überschwemmungsgebieten von Nord- und Ostsee wären teils nicht bewaldet, teils würden sie einen Auwald aus Weiden und Pappeln tragen; auf höher angeschwemmten Sand- und Kiesbänken mit längerer Existenz würde auch die Hartholzaue mit Esche, Eiche und Kiefer eine Rolle spielen. Viele Tiere würden hier leben, und der Biber würde auch in Gebieten, wo eigentlich eine Aue nicht vorhanden wäre, große Seenflächen und Wiesen schaffen.

Es wäre kein konstantes Bild, sondern dauernd würden die Wiesen und die Waldgebiete wechseln, das Ganze würde in einer unheimlichen Dynamik begriffen sein.

Hinzu kommen klimatische Änderungen: der wichtigste und typischste Baum des deutschen Waldes, die Rotbuche, ist erst vor etwa 4000 Jahren über die Alpen in Deutschland eingedrungen und hat die norddeutsche Tiefebene erst vor etwa 2000 Jahren erreicht. Es ist nicht völlig ausgeschlossen, daß bei uns Eichen vorhanden sind, die zu einer Zeit keimten, als es die Buche in Norddeutschland überhaupt noch nicht gab.

Aber eigentlich sind solche Spekulationen müßig.

Denn der Mensch war in Deutschland schon während der Eiszeit vorhanden, wo er in den Tundren als Jäger lebte. Während der Klimaverbesserung versuchte er das Vordringen des Waldes durch Feuer und Axt in weiten Bereichen zu verhindern.

Was ist durch den Menschen bis heute auf uns gekommen?

Der gesamte humusreiche saftige Boden von den höhergelegenen Ländereien gleitet unaufhörlich abwärts und verschwindet in der Tiefe. Nur das nackte Gerippe des Gebirges, dem Skelett eines Kranken gleichend, ist übriggeblieben. Der kärgliche Boden des vegetationsarmen Landes kann die jährlichen Niederschläge nicht mehr aufnehmen. Sie fließen rasch in das Meer, so daß die Quellen und Bäche versiegen. Früher hatten die Berge bis hoch hinauf Wälder, darüber gab es Ackerterrassen, zahlreiche Bäume der verschiedensten Arten und unbegrenztes Weideland. Heute gibt es viele Berge, die nach ihrer Entwaldung nur noch Imkerei ermöglichen. Auch Bauholz holte man früher für die Häuser aus den gesunden Bergwäldern.

Was hier wie ein moderner Umweltreport klingt, ist zwar modern, aber nicht neu: er stammt aus Griechenland, von Plato, und wurde um 400 v. Chr. geschrieben. Schon damals gab es also dramatische Eingriffe des Menschen in die Ökosysteme unserer Erde.

Tatsächlich hat der Mensch schon viele ökologische Katastrophen verursacht und überlebt – und manche dieser Katastrophen haben globale Ausmaße erreicht. Wir verdrängen dieses Wissen sehr oft.

Wir wollen im folgenden versuchen, diese Katastrophen zu skizzieren, ihre Ursachen zu analysieren und uns zu fragen, wie der Mensch diese Katastrophen lebend überstand.

DIE ORGANISMISCHE UND KULTURELLE EVOLUTION
Der Mensch verließ die Ökosysteme, als er das Lernen lernte.

Die Evolution der Organismen vollzieht sich durch Mutationen – durch zufällige Änderungen der genetischen Information. Solche Änderungen sind selten; sie müssen, um wirksam zu werden, in den Keimzellen eines Organismus stattfinden; und, da sie zufällig sind, ist der weitaus größte Teil dieser Mutationen ungeeignet für das Leben und führt zum Tode seines Trägers. Nur ein verschwindend geringer Teil der Mutationen kann beibehalten werden, kann im Konkurrenzkampf der freien Natur „getestet" werden und kann sich dann eventuell als günstig erweisen. Solche Mutationen werden auf die Nachkommenschaft vererbt; wenn sie günstig sind, haben ihre Träger höhere Überlebenschancen, sie werden in der Zukunft die ursprünglichen Formen zurückdrängen. So ist die Photosynthese „erfunden" worden, und so ist die Atmung „erfunden" worden. Diese organismische Evolution vollzieht sich ungeheuer langsam.

Erst mit sehr hoher Komplexität begann etwas Neues. Organismen konnten lernen; das Erlernte aber konnten die Tiere nicht an ihren Nachwuchs weitergeben, sie konnten es auch nicht an Artgenossen weitergeben. Es bedeutete eine ungeheure Revolution, als der Mensch „das Lernen lernte", als ein Mensch seinem Nachbarn, seinem Kind etwas zeigen konnte, etwas erklären konnte, welches dies nun wieder seinem Nachbarn, seinem Kind weitergeben konnte. Mit dieser Methode war eine enorm rasche Informationsübertragung und eine enorm rasche Ausbreitung einer Information über eine große Population möglich. Natürlich ist der Mensch nicht der erste und der einzige Organismus, der Erlerntes an Artgenossen weitergeben kann. Bei Vögeln kennen wir das Beispiel der Kohlmeisen, die Nachbarindividuen das Öffnen von Milchflaschen zeigten; bei Affen sind ähnliche Beobachtungen gemacht worden. Der Mensch aber entwikkelte in dem großen Feld zwischen Menschenaffe und erstem Menschen etwas, das zu einer solchen Informationsübertragung unbedingt hinzugehört: eine sehr differenzierte Sprache. Damit war dem Austausch kompliziertester Information, die nicht genetisch festgeschrieben war, in außerordentlich kurzer Zeit über weite Räume durch sehr große Populationen kein Hindernis mehr in den Weg zu stellen. Die Erfindung von Pfeil und Bogen; die Erfindung, daß sich mit Gift auf Pfeilspitzen noch leichter Beute machen läßt; die Erfindung von Fallen breitete sich nun sehr rasch über ganze Kontinente aus. Das hatte seine Folgen.

Der Mensch entwickelte sich aus menschenaffenähnlichen Vorfahren in Afrika, wanderte dann auf den indischen Subkontinent und in das heutige Indonesien hinüber. In Afrika und in Südasien vollzog sich die Menschwerdung in dem Sinne, daß langsam, Schritt für Schritt, eine kulturelle Evolution erfolgte. Die mit dem Menschen hier lebenden Tiere hatten zunächst noch das gleiche Evolutionstempo wie der Mensch und konnten am Beginn der kulturellen Evolution durchaus noch „mithalten". Als aber die Menschen mit einem vollendeten Informationsübertragungssystem, mit vollendet funktionierenden Jagdwaffen und Jagdtechniken nach Europa, nach Nordasien, nach Australien und Amerika kamen, standen die Tiere einem Feind gegenüber, dem sie nichts entgegenzusetzen hatten. In neuerer Zeit – etwa um Christi Geburt – haben wir das gleiche Phänomen der Besiedlung Neuseelands durch die Maori und das Madagaskars durch die Araber vor uns. Wie in Europa, wie in Nordasien, wie in Nord-, Mittel- und Südamerika, wie in Australien wurde die heimische Großtierwelt in Neuseeland und Madagaskar nahezu völlig vernichtet. Nur wenige Arten, und zwar insbesondere soziale Arten mit hochentwickeltem Informationssystem in der sozialen Gruppe und mit hochentwickeltem zentralen Nervensystem haben manchmal den „overkill" des eindringenden Menschen überlebt. Aber: wenn wir heute in Asien, nördlich des Himalaya, in Nord- und Südamerika und in Europa eine Großtierwelt haben, die keinen Vergleich mit der afrikanischen Großtierwelt aushält, so ist das eine Folge der Tatsache, daß sich die afrikanischen Tiere zusammen mit dem Menschen entwickeln konnten, während die Tiere der anderen Kontinente durch den progressiven Gegner überrascht

6

wurden und ihm nichts entgegenzustellen hatten (Remmert 1982). So wurden in kürzester Frist die elefantengroßen und büffelgroßen Riesenfaultiere und Riesengürteltiere – die wie Elefanten und Büffel lebten – in Lateinamerika ausgerottet. In Nordamerika verschwand eine zweite Bisonart und mit ihr viele andere Säugetiere. Was der weiße Mann an Tierwelt vorfand, als er im Gefolge von Kolumbus die amerikanischen Kontinente überrannte, war nur noch ein kläglicher Rest der einstmals reichen, sehr reichen Großtierfauna, die von den frühen Jägern vernichtet worden ist.

Es dauert viele Generationen, bis selbst intelligente Tiere die Gefährlichkeit des Menschen abschätzen können, die Reichweite seiner Waffen und die Tatsache, daß der Mensch durch Gift und Fallen auch dann gefährlich ist, wenn er selbst körperlich überhaupt nicht vorhanden ist. Selbst wenn ein intelligentes Säugetier dies gelernt hat: die Informationsübertragung auf seine Nachbarn, auf seine Kinder ist und bleibt schwierig. Der Mensch hat dazu eine extreme Veränderung der Anatomie seiner spracherzeugenden Organe erfahren.

William Barents, der Spitzbergen entdeckte, erschlug zusammen mit seinen Matrosen noch Eisbären, Robben und Walrosse auf der Bäreninsel und auf Spitzbergen einfach so am Strand. Heute sind Eisbären scheu oder greifen sofort an; Walrosse gehen weit außerhalb der Reichweite von Schußwaffen von der Eisscholle ins Wasser und verschwinden. Aber das ist eine Entwicklung der letzten Jahrzehnte. Über 200 Jahre hat es gedauert, ehe Eisbären und Walrosse die Gefährlichkeit des Menschen einzuschätzen lernten. Im Gebiet der Antarktis haben Robben und Pinguine bis heute die Gefährlichkeit des Menschen nicht einzuschätzen gelernt, wohl aber gibt es allerneueste Hinweise darauf, daß Wale Walfangschiffe und überhaupt Schiffe erkennen und meiden. Auch das ist eine Entwicklung, die in den letzten Jahren nach mehreren hundert Jahren erbarmungslosen Walfanges einzusetzen scheint. Wölfe, die den Menschen nie kennengelernt haben auf wirklich bisher unerreichbaren Inseln der kanadischen Arktis, sind handzahm und sind nur schwer an die Gefährlichkeit des Menschen zu gewöhnen. Nach 1000 Jahren menschlicher — wenn auch nur dörflicher — Besiedlung Neuseelands verdrängen europäische, an den Menschen gewöhnte Vögel in großem Maße die einheimischen Vögel oder besser: selbst unter den subtropischen Bedingungen von Auckland in Neuseeland vermögen die einheimischen Vögel das reiche Futterangebot der ausgedehnten, gartenreichen Villensiedlungen nicht zu nutzen und werden hier ausschließlich von europäischen und indischen Vogelarten wie Star, Buchfink und Myna ersetzt.

Der frühe Jäger griff also in dramatischer Weise in die Ökosysteme ein. Sein Vorsprung durch die kulturelle Evolution machte ihn den dort lebenden Tieren bei weitem überlegen. Die erste ökologische Katastrophe durch den Menschen in Europa, in Amerika, in Asien, Australien, Madagaskar und Neuseeland geschah durch den Menschen, den wir heute als primitiven Jäger zu bezeichnen pflegen. Solche Jäger lebten in Mitteleuropa, als die Eiszeit endete. Im allgemeinen rechnen wir, daß die Eiszeit in Deutschland vor 10–20 000 Jahren zu Ende ging. Vor 15 000 Jahren befand sich der Eisrand wohl noch in Südschweden. Seitdem haben mehrere kühle und weniger kühle Zeiten miteinander abgewechselt — und in allen diesen

Zeiten war, wie schon in den Zwischeneiszeiten, der Mensch als Jäger und Sammler in Mitteleuropa vorhanden, und er hinterließ, wie wir eben besprochen haben, seine Wirkungen. Wenn man von natürlichen Ökosystemen spricht und damit vom Menschen nicht beeinflußte Ökosysteme meint, darf man Mitteleuropa nicht in seine Betrachtungen einbeziehen (wahrscheinlich gilt das für alle langfristig bewohnbaren Punkte der Erde: Holzkohle und Scherben aus menschlicher Tätigkeit lassen sich heute auch im entferntesten Dschungel von Amazonien und Neuguinea überall im Boden nachweisen). Die Tierwelt der Zwischeneiszeiten und der frühen Nacheiszeit wurde vom Menschen gejagt, dezimiert und z.T. rettungslos vernichtet. Wir sind heute sicher, daß Mammut und wollhaariges Nashorn dem Menschen zum Opfer gefallen sind und nicht aus anderen Gründen ausstarben. Durchaus besteht die Möglichkeit, daß an manchen, dem Baumwuchs nicht sehr günstigen Stellen der Mensch seit dem Ende der Eiszeit auch in Deutschland jeglichen Baumwuchs verhinderte. Wir machen uns meist nicht genügend klar, wie stark die Änderungen unserer Vegetation seit der Eiszeit gewesen sind. Heute gilt die Rotbuche allgemein als der theoretisch natürliche Hauptbestandteil unserer Wälder. Niemand aber weiß, warum die Rotbuche vor etwa 2000 Jahren sehr plötzlich der beherrschende Baum wurde und warum er vorher, wenn überhaupt, dann nur sehr selten vorgekommen ist. Rotbuchen sind nördlich der Alpen erst seit 4000–2000 Jahren bestandsbildend. Wenn man eine Buchengeneration mit 100 Jahren ansetzt, so sind seitdem 20 Buchengenerationen vergangen. Setzt man eine Buchengeneration mit 300–500 Jahren an, was im Zuge der Mosaik-Zyklus-Hypothese realistisch erscheint – so sind möglicherweise erst vier Generationen vergangen (s. Seite 57).

Elektrischen Strom haben wir in der Praxis bei uns seit 80 Jahren – auf unseren Dörfern und in unseren kleineren Städten wurde Elektrizität kurz nach der Jahrhundertwende eingeführt. Eine Singvogelgeneration wird mit etwa 2 Jahren gerechnet. Man muß also annehmen, daß mindestens 40 Generationen von Singvögeln sich an die Drähte haben anpassen können, auf denen wir sie heute sitzen sehen. Die Einheit der Evolution ist nicht das Jahr, sondern die Generationenzahl.

Der Mensch hat also vom Beginn des Rückgangs der Gletscher, vom Beginn der Tundren an die Möglichkeit gehabt und genutzt, um Waldentwicklung zu hindern, Großtiere zu jagen und die Landschaft für sich zu nutzen. Der Effekt war sehr viel größer als wir normalerweise zuzugeben bereit sind.

Folgen der kulturellen Evolution
1. Die Anfänge von Bauernsiedlungen, von Ackerbau und Viehzucht.

Wir wollen uns in den folgenden Ausführungen weitgehend auf den Orient, wo etwa 8000 bis 6000 Jahre vor Christi Geburt Landwirtschaft, Haustierzucht und festes Siedlungswesen ihren Ursprung nahmen, und auf Mitteleuropa beschränken. Im Prinzip begann mit diesen drei Neuerwerbungen die Geschichte des modernen Menschen. Wie kam es dazu?

Der Mensch hatte die Ressourcen seines Lebensraums ausgenutzt und übernutzt. Dabei wurde eine Bevölkerungsdichte erreicht, die in dem genutzten Raum mit den bisherigen Methoden nicht mehr tragbar war. Entweder mußte er neuen Raum suchen, mußte er verhungern oder mußte neue Methoden des Überlebens finden. So entstand wohl aus der Beobachtung, daß schmackhafte Pflanzen, die man zu den Lagerstätten gebracht hatte, dort aus verlorenen Samen auskeimten und neue schmackhafte Pflanzen bildeten, die Erfahrung, daß man schmackhafte Pflanzen anbauen und sie in großer Zahl dicht zusammen aufziehen kann, wenn man sie sät und vor Konkurrenten (die wir heute Unkräuter nennen) schützt. Damit ließ sich auf relativ geringem Raum bei Vernichtung der ursprünglichen Vielfalt der Flora eine zwar monotone, aber für die Ansprüche des Menschen ertragreiche Landwirtschaft errichten. Zu betonen ist „für die Ansprüche des Menschen" – denn, da all die Pflanzen über das gleiche Chlorophyll, über den gleichen Bindungsmechanismus der Energie verfügen, steigt die Menge der mit Hilfe von Wasser und Kohlendioxid unter Hinzunahme von Lichtenergie produzierten Kohlehydrate keineswegs bei landwirtschaftlicher Produktion an. Der Mensch verschiebt lediglich die Zusammensetzung der Flora, und durch Züchtung verschiebt er lediglich das Wurzel-Korn- und das Blatt-Korn-Verhältnis zugunsten des von ihm bevorzugten Kornes. So konnte auf kleinerem Raum eine größere Zahl von Menschen leben. Voraussetzung war allerdings, daß die entstandenen Felder nun gegen pflanzenfressende Tiere und gegen Unkraut geschützt wurden. Voraussetzung war also zumindest eine gewisse Seßhaftigkeit, eine Tendenz zu Dauersiedlungen.

Wo entstanden solche Dauersiedlungen?

Der Mensch stammt aus der afrikanischen Savanne. Hier lebten seine Vorfahren inmitten des reichsten Säugerlebens, welches wir heute kennen. Diese Erbschaft sitzt noch heute tief in uns. Man frage irgendeinen Menschen, in welcher Landschaft er seine Ferien verbringen möchte: fast unweigerlich wird er ein mit niedrigem Grasbewuchs ausgestattetes Flußtal zeichnen, in das er von einem Waldrand oder einer Felswand in seinem Rücken hineinschaut, einen Galeriewald am Ufer des Flusses und einen blauen Himmel darüber. Dieser Landschaftstyp der Savanne ist die Landschaft am Ufer des Jordan, wo die älteste Stadt der Welt entstand: Jericho. Sie liegt ein wenig entfernt vom Fluß, relativ nah den schützenden Felsen, fast lehrbuchmäßig „an der richtigen Stelle". Wasser steht zur Verfügung durch einen Fluß, der am besten (wie im Fall des Jordan) sein Wasser aus einem entfernten regenreichen Gebirge bringt. Sonnenschein verhindert allzu heftigen Pflanzenwuchs (mit echtem Urwald kann der Mensch kaum konkurrieren), aber Wasser ist genügend vorhanden, als Trinkwasser und für die anzulegenden Felder.

Nach diesem Prinzip sind auch die europäischen frühesten Ansiedlungen angelegt: sie entstanden nicht da, wo wir heute die besten Böden kennen, sondern sie entstanden, wo auf relativ trockenem Boden der Wald relativ leicht durch Feuer zu beseitigen war, wo Felder anzulegen waren, wo weite Blicke ins Tal möglich waren und wo dennoch Wasser genügend und in nicht zu weiter Entfernung zur Verfügung stand. Derartige Ansiedlungen hat es in Mitteleuropa, also auch in Deutschland, schon sehr frühzeitig gegeben, und an solchen Stellen – also meist auf sehr durchlässigem Sand- und Kalkboden – erscheint es durchaus möglich, daß infolge der menschlichen Tätigkeit eine Urwaldbedeckung von vornherein nach der Eiszeit unterblieb.

Nicht überall aber sind Flüsse vorhanden. Ein genügend großer See oder ein Weiher kann die gleiche Funktion erfüllen. Im allgemeinen aber ist Wasser knapp in einer Landschaft ohne Regen, und so entstehen dem Menschen weitere Konkurrenten: die großen Tierherden der Savanne kommen zur Tränke wie der Mensch. In schwierigen Zeiten wird der Mensch versuchen, „seine Trinkwasserstellen" gegen Tierherden zu schützen, und er wird außerdem versuchen, die Tierherden als Jagdbeute auszunutzen. Wegen der Problematik des Aufbewahrens von Fleisch wird er versuchen, verwundete oder weniger „wilde" Tiere, vielleicht auch Jungtiere für einige Zeit am Leben zu halten. Hier liegt der Ursprung der Haustiere. Einige Arten wurden fest in den Hausstand übernommen, wurden hier zur Fortpflanzung gebracht und den Ansprüchen des Menschen ebenso wie Kulturpflanzen durch Züchtung immer mehr angenähert.

Dies bedeutete wiederum einen ungeheuren Eingriff in die Ökosysteme. Der Mensch schützte jetzt große Säugetiere spezifischer Arten und spezifischen Verhaltens, er schützte sie gegen Räuber und gegen Konkurrenten. Konkurrenten: das sind die wilden Herden der gleichen Art, die im Freiland die gleiche ökologische Nische besetzen. Ein Säugetier, das irgendwo weit entfernt in der Steppe lebt, aber nie zum Wasser kommt, ist kein Konkurrent für die Herden des Menschen. Ein echter Konkurrent ist nur die Art, die die gleichen ökologischen Ansprüche wie die Haustiere besitzt, und diese Art gilt es zu bekämpfen.

Bekämpfen: eigentlich genügt es bereits, die Tatsache auszunutzen, daß zwischen Wildtier und Haustier keine Fortpflanzungsbarriere besteht. Durch Einkreuzen von Haustieren in die Wildtierherden verlieren die Wildtiere ihre Gefährlichkeit. Wie die Schule von Herre und Röhrs (1973) gezeigt hat, sinkt im Hausstand das Hirngewicht dramatisch ab: durch Einkreuzen der genetischen Information von Haustieren werden Wildtierherden leicht angreifbar, und sie sind leicht zu vernichten. So ist es kein Wunder, daß der Auerochse, der Vorfahr unseres Hausrindes, ausgerottet ist, daß wir vom einhöckrigen und vom zweihöckrigen Kamel keine Wildform kennen (beide sind seit langem ausgerottet), daß die Wildpferde verschwunden sind und daß die Vorfahren von Schaf und Ziege auf den Roten Listen stehen. Nur die beiden intelligentesten Haustierarten – Hund und Schwein –, die auch über die intelligentesten Vorfahren mit einem äußerst komplizierten Sozialsystem verfügen, konnten bisher dem typischen Schicksal eines Wildtiers entgehen, von welchem einige Populationen in den Hausstand übernommen wurden. Insofern haben die Rinderherden, die Schaf- und Ziegenherden, die vom Orient mit dem Menschen langsam nach Ägypten vordrangen und von da langsam ganz Afrika eroberten, bis sie um die Zeitenwende etwa das Kap der Guten Hoffnung erreichten, keine ernsthaften Schäden unter den Wildtieren Afrikas angerichtet: sie hatten keinerlei Verwandte in Afrika, sie besaßen keine ganz echten Konkurrenten und sie besaßen keine Wildform, mit der sie sich kreuzen konnten.

Der Mensch legte also seine ersten Dauersiedlungen in regenarmen Gebieten am Wasser an, wo sich die Vegetation sehr leicht durch Feuer beeinflussen ließ, und hier entstanden die ersten Monokulturen von Nutzpflanzen, die größere Siedlungen ermöglichten.

Die frühen Hochkulturen in Ägypten, in Palästina, im Zweistromland und in Indien belegen diese Tatsache. Die Übernahme von Tieren in den Hausstand vernichtete deren wilde Vorfahren, Konkurrenten in den Feldern — seien es pflanzenfressende Tiere oder sei es das, was wir heute als Unkraut bezeichnen — wurden erbarmungslos vernichtet.

2. Der Effekt konstanter Großsiedlung, der Effekt von Land- und Forstwirtschaft vom Mittelalter bis zur Neuzeit in Europa.

Im Mittelalter entwickelte sich ein Typ des Dorfes heraus, welcher ziemlich einheitlich zu beschreiben ist: die Häuser sind mit Reet oder Stroh gedeckt und damit brandanfällig. Zur Brandverhinderung werden zwischen den Häusern Bäume gepflanzt, die möglichst resistent gegen Brände sind — und das sind Eichen. Eichen sind eigentlich typische „Feuerbäume"; Eichensavannen ertragen oder benötigen zu ihrer Erhaltung, wie viele Lebensräume unserer Erde, einigermaßen regelmäßige Wildfeuer. Durch Verhinderung von Wildfeuern hat der Mensch in weitem Maß Landschaften verändert — so konnte sich im Mittelalter infolge der Verhinderung von Wildfeuern die Fichte gegen die Kiefer in Nordschweden weitgehend durchsetzen, und die Fichtenwälder Nordskandinaviens sind insofern mit Sicherheit eine Folge menschlicher Feuerverhütung. Die Eichen um die Höfe in der Lüneburger Heide mögen zwar nebenbei auch Wohnplätze des alten Wodan gewesen sein. Rational aber waren sie ein von der Obrigkeit vorgeschriebenes Mittel zur Verhinderung des Überspringens von Bränden. Mein Vater, der in der Nähe von Hannover Lehrer war, hat noch die alten königlichen Vorschriften in meinem Heimatdorf eingesehen, die zur Erhaltung der Eichen zwischen den Höfen ausgegeben wurden und die durch das Gebot unterstrichen wurden, daß jeder Hausbesitzer in seinem Haus eine gewisse Menge an wohlgefüllten ledernen Wassereimern zur Feuerbekämpfung bereithalten mußte. Wo die Feuergefahr nicht zu groß war, konnten auch Linden diese Aufgabe übernehmen.

Eichen und Linden erfüllten dazu auch einen anderen Zweck: Eichen lieferten Futter für die Schweine, Linden für die Bienen und damit den Menschen Honig. Wir kommen darauf gleich noch zurück.

Um die Siedlung lagen Felder, um diese Felder herum schloß sich ein Ring aus Weide, Waldweide und Heide. Dann folgte ein weiterer Ring mit einem Baumbestand, den wir heute als Niederwald bezeichnen würden. Da eine wirklich funktionsfähige Säge erst eine Erfindung der Neuzeit ist, mußte man das Brennholz mit der Axt schlagen, und man achtete darauf, die Stämme nicht zu dick werden zu lassen. Erst der äußerste Ring trug dann Bauholz, war vielleicht noch Urwald.

Die Gürtel aus Weide, Waldweide und Brennholz hatten noch weitere Funktionen. Zum einen tragen Eichen im Wald nur in relativ großen zeitlichen Abständen Eicheln in vernünftiger Zahl, so daß sie als Schweinemast mengenmäßig nicht in Betracht kommen. Isolierte, frei stehende Eichen dagegen tragen in jedem Jahr Eicheln. So bemühte man sich, die Weidegebiete voll starker Eichen zu haben, die in relativ großen Abständen voneinander standen. Hier erfolgte in jedem Jahr die Schweinemast, die das nötige Fleisch lieferte. Heute gibt es bei uns noch überall Reste dieses einstigen Hutewaldes, wir bezeichnen ihn heute vielfach als Urwald, so den Neuenburger Urwald bei Wilhelmshaven oder den Urwald bei der Sababurg in der Nähe von Kassel. Beide Gebiete haben mit Urwald im eigentlichen Wortsinn nur wenig zu tun, sie sind nichts anderes als ein heute sich selbst überlassenes, mittelalterliches Schweinemastgebiet.

Neben den Eichen wurde das Heidekraut Calluna von den Menschen stark bevorzugt. Es lieferte zwar kein gutes Futter für die Tiere, aber es war eine Grundlage für den Ertrag von Honig. Honig war die einzige Zuckerquelle des Mittelalters, und die Menschen aßen damals genauso gerne Süßigkeiten wie wir heutzutage. Infolge des Mangels an Salz wurde zeitweise sogar Honig zur Konservierung von Fleisch herangezogen. Damit hatte die Imkerei eine ungeheuer wichtige wirtschaftliche Bedeutung und die Imker – die Zeitler – einen starken politischen Einfluß. Die Lüneburger Heide entstand nicht nur zufällig als Resultat des Abschlagens der Wälder durch die Lüneburger Saline; sie entstand, weil die Imker mit politischem Druck die Heide förderten. Eine blühende Heide ist ein Zuckerrübenfeld des Mittelalters, sie ist eine Kulturlandschaft.

Natürlich gab es in den verschiedenen Epochen des Mittelalters und der folgenden Neuzeit erhebliche Verschiebungen in diesem Bild. Bekannt geworden sind vor allem Verschiebungen zwischen Feld- und Weideanteil. Nach großen Kriegen oder Pestepidemien mit hohen Menschenverlusten wurden weniger Felder bestellt, die Viehwirtschaft nahm zu und die Weiden breiteten sich aus. Hatte sich die Bevölkerung stark vermehrt, nahm der Anteil der Felder auf Kosten der Weideflächen zu, nahm die Viehwirtschaft auf Kosten der Getreidewirtschaft ab (Abel 1973).

Die Dörfer konnten erhebliche Nahrungsmittelmengen produzieren und – besonders wichtig – exportieren. Damit konnte die Arbeitsteilung weiter vorangetrieben werden, es konnten immer mehr und immer neue Großsiedlungen – Städte – entstehen.

Die aufblühenden und wachsenden Städte verlangten eine zunehmende Menge an Nahrungsmitteln und an Rohstoffen. Für Heizung, für Glasherstellung, für Metallverarbeitung wurden riesige Mengen an Holz gebraucht, in die Städte geschafft und hier verbrannt. Dementsprechend muß die Luft in diesen Städten und ihrer Umgebung teuflisch gewesen sein – viel schlechter als bei uns heutzutage.

Noch schlimmer aber ist eine Waldvernichtung, die man häufig übersieht: für Schiffbau und viele andere Verwendungszwecke brauchte man Holz und Teer oder Pech. In Finnland ist der Wald großflächig dieser Teergewinnung zum Opfer gefallen. Für ein Faß Teer rechnete man 1 ha Wald. Viele Schiffsladungen Teer sind damals aus dem nordfinnischen Hafen Oulu in die mitteleuropäischen, schon technisierten Gegenden transportiert worden. So wurde der finnische Wald damals vernichtet. Was wir heute sehen, ist ein wiedergewachsener Sekundärwald, der wahrscheinlich von dem ursprünglichen deutlich verschieden ist.

Über weite Entfernungen wurde auch Getreide und wurde auch Vieh herangebracht. Man macht sich meist keine Vorstellung von den ungeheuren Entfernungen, die die Koppelknechte der damaligen Zeit mit dem Vieh zurückgelegt haben, das sie von der Ukraine nach Frankreich und Spanien trieben.

Der Aufstieg der Hanse und ihre politische Macht basierte zum Teil auf dem Fisch, den sie den Städten

liefern konnte; denn Fastenzeit war fast das ganze Jahr.
Die Kolonisierung der baltischen Länder, Ostpreußens
und Westpreußens durch den deutschen Orden war
einfach wegen des hohen Nahrungsmittelbedarfs in
Westeuropa nötig. Marion Dönhoff berichtet von dem
Wirtschaftswunder in Ostpreußen, welches sich als
Folge des großen Nahrungsmittelbedarfs in Westeuropa einstellte. Der Mensch war damit über die Tragfä-
higkeit des mitteleuropäischen Systems hinausgewach-
sen. Fleisch- und Getreidetransport über tausende von
Kilometern zu damaliger Zeit war kaum möglich. Der
Wald war weitgehend zerstört, die Felder trugen nicht
mehr. Es gibt Sprichworte genug, die nach den sehr
reichen Rodungsjahren die Armut der ausgeplünder-
ten Felder demonstrieren. Das Getreide trug nur noch
das zweite Korn — also doppelt soviel wie die Einsaat.
Über den Hering kenne ich noch den Spruch *die Mutter kriegt den Kopf und Schwanz, der Vater kriegt das
Mittelstück, die Kinder kriegen den Rögen, den Vater und
Mutter nicht mögen* — ein Hering mußte für 4 Personen
ausreichen. Die Pest, die die Menschheit Mitteleuropas reduzierte und der 30-jährige Krieg mit seinen extremen Bevölkerungsverlusten brachten der Natur eine gewisse Erholungspause. Auch lernte man damals,
daß Wald nicht nur genutzt, sondern auch gesät werden konnte. Nürnberger Kaufleute sind mit der Entdeckung, wie man Kiefern säen kann, reich geworden
und sind mit Nürnberger Kiefernsamen bis nach Spanien und bis in die Ukraine unterwegs gewesen (eine
derartig starke und großflächige Florenverfälschung
wie im 17. Jahrhundert hält man meist nicht für möglich). Aber das alles half nichts, Nahrung und Holz
wurden trotzdem knapp. Die Dörfer sollten Nahrung
und Holz liefern. Kein Wunder, daß sich die Städte

mit einem Mauerring umgaben – die Erlaubnis zum Mauerbau hing am Stadtrecht; man brauchte die Dörfer, um sie plündern zu können. Auch auf den Dörfern verhungerten Menschen.

Besonders katastrophal wirkte sich in den Wäldern das Abplaggen der Krautschicht und das Ausrechen der Fallaubschicht aus. Beides erwies sich für die Landwirtschaft als notwendig, um bei der inzwischen notwendig gewordenen Stallhaltung den Haustieren eine Lagerstätte zu schaffen und das ausgerechte Material dann später als Dünger auf die ausgebeuteten Felder zu bringen. Man muß sich klarmachen: die Bäume entnehmen mit ihren Wurzeln dem tiefen Boden die notwendigen Mineralien. Im Herbst wird dies durch den Laubfall an die oberste Bodenschicht zurückgegeben. Durch Ausrechen dieser Fallaubschicht und Abplaggen der obersten Bodenschicht wird der Nährstoffkreislauf unterbrochen und der Waldboden immer ärmer. Im Jahre 1799 vereinnahmte die Städtische Waldbüchse der Freien Reichsstadt Nürnberg für Waldstreu im Sebalder Reichswald 5484 Gulden, im Lorenzer Reichswald 7776 Gulden. Danach müssen in diesem Jahr 100 000 Fuder Waldstreu aus dem Nürnberger Reichswald abgefahren worden sein. Bei einer Waldfläche von rund 30 000 ha sind das 16 Raummeter pro ha und Jahr – eine kaum vorstellbare Menge (Sperber 1968). Damit war der Nährstoffkreislauf im Wald unterbrochen, das Material gelangte zwar auf die Felder, aber es wanderte von hier in die Städte und von dort über die Flüsse ins Meer. Nur ein relativ geringer Teil wurde aus den Städten wieder als Dünger herausgebracht und das nur in einem relativ engen Ring um die Städte. Hier wurde dann vor allem Gemüsebau betrieben – Namen wie „Knoblauchsland“

deuten darauf hin. Dieser gedüngte Ring um die Städte deckt sich weitgehend mit dem „Scherbenschleier" um die Städte – mit dem Bereich, in dem man normalerweise Scherben zerbrochener Gefäße finden kann.

3. Die ökologische Katastrophe Mitteleuropas wurde abgefangen durch Nutzung fremder Länder – Auswanderung, Fisch- und Walfang, Robbenschlag – und durch eine neue Technologie.

Wir würden in Mitteleuropa nicht leben und auch nicht leben können, wenn nicht durch Einsatz von viel Energie, durch Einsatz von Mineraldünger, durch Einsatz neuer landwirtschaftlicher Früchte wie Kartoffeln und Zuckerrüben ein grundsätzlicher Neubeginn möglich gewesen wäre. Hinzu kam die starke Ausnutzung fremder Länder und fremder Meere, die zum Teil auch nur durch Nutzung fossiler Energie möglich geworden war.

Ein Beispiel: auf dem Gebiet der Bundesrepublik lebten 1950 knapp 2,3 Millionen Pferde. Ihre Arbeitskraft ist heute praktisch zu 100% durch mit Dieselöl betriebene Traktoren ersetzt. Damit stehen mehr als 4 Millionen ha Land, die bisher die Pferde ernährten, für menschliche Ernährung zusätzlich zur Verfügung.

Nur die höheren Erträge aufgrund der Mineraldüngung und nur der nachlassende Druck auf die Naturlandschaft durch Auswanderung v.a. nach Amerika machten es möglich, daß aus der Waldweide nun wieder Wald werden konnte. Zu Anfang des 19. Jahrhunderts gab es in Deutschland in unserem Sinne fast keinen Wald mehr. Das Buch von Makowsky und Buderat (1983) belegt dieses für uns immer wieder unglaubliche Phänomen aufs deutlichste. Selbst die Flächen, die damals als Wald ausgewiesen waren, waren in Wirklichkeit Äsungsflächen für Haustiere mit sehr lockerem Bewuchs an überalterten Bäumen. Es gehört auch zu den großartigen Leistungen dieses Jahrhunderts, daß damals Mitteleuropa wieder bewaldet wurde – unter z.T. gewaltigen Kosten und, wie wir heute wissen, vielfach mit den falschen Baumarten. Aber oft waren es auch nur diese – insbesondere Kiefern –, die auf den ruinierten Böden überhaupt hochzubringen waren.

Wir sprechen sehr häufig davon, daß Tiere ihre Populationsgröße konstant halten. Bei Säugetieren geschieht dies fast immer in der Weise, daß die überschüssigen Tiere das heimatliche Areal verlassen und irgendwohin auswandern. Manchmal kommen sie dabei in günstige Gebiete, meist jedoch müssen sie in ungünstige Lebensräume auswandern: sie werden hier ein Opfer der ungünstigen abiotischen Bedingungen oder ein Opfer von Beutegreifern. Der holländische Ökologe den Boer hat dieses Prinzip als „Risikostreuung" bezeichnet: auf diese Weise entstehen überall kleine Populationen einer Art, die bei irgendeiner Katastrophe nicht alle ausgerottet werden und von denen aus dann eine Neu- und Rückbesiedlung möglich ist.

Dies Prinzip der Bevölkerungsregulierung ist auch das Prinzip beim Menschen. Mit diesem Prinzip hat er die ganze Erde bevölkert – und dies in mehreren Etappen. Nicht nur der Weiße hat, als es hart auf hart ging, die Urbevölkerung anderer Kontinente vernichtet. Auch verschiedene indianische Gruppen haben sich übereinandergeschoben und die jeweils unterlegene ausgelöscht. Auch die Schwarzen in Afrika haben die

Buschleute und Hottentotten weitgehend ausgerottet, wie erschütternde Buschmannmalereien im südlichen Afrika deutlich zeigen. Bis heute ist dem Menschen in der Praxis keine andere wirkliche Lösung eingefallen.

4. Wo die ökologische Katastrophe nicht aufgefangen wurde.

Die Welt ist voll von Beispielen, in denen der primitive Jäger und Sammler die Ressourcen seines Lebensraums übernutzte und dann weiterwandern mußte oder untergehen. Die Ausrottung der Großtierherden in Nordamerika durch den hier eindringenden frühen Menschen läßt sich so rekonstruieren. Der Mensch kam in diese Gebiete, vernichtete die leichte Beute in einem grandiosen Overkill und wanderte dann weiter, um das gleiche noch einmal zu machen.

Die Welt ist voll von Beispielen, wo fortgeschrittene Siedler mit ihren Feldern und mit ihrem Vieh die Ressourcen ihres Lebensraums übernutzten und dann weiterwandern mußten oder untergehen: die indianischen Kulturen auf Yukatan, die Khmer-Kulturen in Südostasien sind wohl solche Beispiele.

Die Welt ist voll von Beispielen, wo eine solche ökologische Katastrophe nicht aufgefangen werden konnte. Als Beispiel mögen die Wikinger auf Grönland im Vergleich zu den Eskimos dieser großen Insel dienen. Die Eskimos waren früher durchweg Jäger von Meerestieren – also Jäger von Robben, Walen und Fischen. Sie erbeuteten diese Tiere von Booten aus, die fast ausschließlich aus dem Fell erbeuteter Tiere bestanden und nur ganz dünne Holzzweige von den niedrigen Büschen Grönlands als Versteifungen besaßen (meist wurden dazu Knochen der Beutetiere genommen). Ihre Jagdwaffen bestanden faktisch ausschließlich aus Knochen ihrer Beutetiere. Stricke wurden aus Leder geknüpft. Ebenso bestanden ihre Häuser – Erdhütten mit Fellumlagerung oder reine Fellhütten – aus dem bei der Jagd erbeuteten Material (die berühmten Iglus waren nur Kurzzeitbehausungen während der Jagdzüge der Männer im Winter). Der Name Eskimo ist ein Schimpfwort der Indianer für dieses Volk (das sich selbst Inuit nennt) und bedeutet Rohfleischfresser: tatsächlich haben die Eskimos ihre Beute weder gekocht noch gebraten, sondern ursprünglich roh verzehrt. Als Licht in den Hütten diente ihnen Robben- oder Walspeck, das bei Eskimos sparsame Heizen geschah ebenfalls mit dieser Methode. Der Stoffwechsel der Eskimos unterscheidet sich in mancher Beziehung deutlich von dem der Indianer und dem weißer Menschen, so daß diese besondere Lebensweise möglich war, eine Lebensweise, die völlig an das Meer gebunden war und die bei der stets sehr geringen Bevölkerungsdichte der Eskimos (die aufgrund der harten Umweltbedingungen und den daraus resultierenden zahlreichen Todesfällen niedrig blieb) den Lebensraum des Meeres auch niemals übernutzte.

In das gleiche Gebiet kamen nun die Wikinger – gegenüber dem Steinzeitvolk der Eskimos ein Volk mit hochentwickelter Technik, welches Landwirtschaft und Viehzucht betrieb und in festen Häusern wohnte. Bei der Ankunft der Wikinger auf Grönland fanden sie Treibholz in sehr großen Mengen vor, wie das ihnen von Island her bekannt war. Dieses Treibholz diente ihnen zum Häuser- und Kirchenbau, auch wenn sofort eine Reihe von Kirchen offenbar aus Steinen aufgebaut wurde und nur die Dachkonstruktion mit Treibholz hergestellt wurde. Das Holz diente

außerdem als Brennmaterial und als Baumaterial für
die Boote der Wikinger. Eine gewisse Reserve an
Brennmaterial stellten auch Birken dar, die in den von
den Wikingern besiedelten Gebieten damals domi-
nierten. Dieser Birkenwald entsprach etwa dem, den
wir heute in Nordschweden und Nordnorwegen antreffen. Wie die Wikinger auf Island sehr rasch Gesetze erließen, die ein sehr vorsichtiges Umgehen mit
Treibholz vorschrieben, so müssen auch die Wikinger
auf Grönland sehr bald gemerkt haben, daß dieses in
Jahrhunderten angesammelte Treibholz dem Verbrauch nicht standhielt. Die Expeditionen nach Nordamerika müssen als Holzbeschaffungsexpeditionen gesehen werden, ebenso wie die regelmäßigen Fahrten
von Island zurück nach Norwegen wohl der Holzver-
sorgung dienten: Beschaffungsexpeditionen für das
notwendige Brennmaterial und Baumaterial für Boote
und Häuser, denn: die Wikinger als hochtechnisiertes
Volk brauchten geheizte Häuser und brauchten ge-
kochtes bzw. gebratenes Essen. Ihr Holzverbrauch war
daher zweifellos enorm. Hinzu kam, daß diese Wikinger auf Metallwerkzeug angewiesen waren. Metall
aber fehlte völlig auf Island und war in Südgrönland
praktisch nicht erreichbar. Selbst wenn es erreichbar
gewesen wäre, wäre zur Verhüttung und Bearbeitung
des Metalls ebenfalls wieder sehr viel Brennmaterial
benötigt worden. So mußte sich die Dauer der Siedlung auf Grönland und die Dauer des Florierens der
Siedlungen auf Island aufgrund der Bevölkerungsgrö-
ße und der Menge des angeschwemmten Holzes vorhersagen lassen. Diese beiden Größen determinierten
das Ende der Wikingerkultur auf Grönland (mit ihren
bis zu 30 000 Angehörigen) und der großen Wikin-
gerzeit auf Island.

Bedenken wir: die größte Stabkirche der Wikingerkultur stand nicht in Norwegen, sondern auf Island, und sie war aus Holz aus Norwegen gebaut. Viele Stabkirchen gab es zu Beginn der Siedlung auf Island, aber keine ist erhalten. Der Holzhunger muß enorm groß und grausam gewesen sein. Es bedurfte dann nur noch relativ kleinerer äußerer Anstöße – genannt sei die kleine Eiszeit oder eine Massenvermehrung von Schmetterlingen oder Wiesenschnaken –, um die Wikingerkultur zusammenbrechen zu lassen. Solchen Gefahren sah sich die Eskimokultur nicht gegenüber. Die Steinzeitkultur der Eskimos erwies sich durch das Verharren bei niedriger Populationsdichte der Hochtechnikkultur der Wikinger unter diesen Bedingungen überlegen, und zum Schluß konnten die Wikinger, da sie ja kein Holz für Schiffbau mehr hatten, nicht einmal mehr das Land verlassen, in dem sie zum Sterben verurteilt waren. Dies gilt im Prinzip auch für Island. Nur die sehr viel größere isländische Siedlung und das etwas günstigere Klima verzögerten ihren Kollaps, bis aus Europa endlich wieder Hilfe kam.

Ein berühmtes anderes Beispiel ist die Osterinsel im Pazifischen Ozean. Man fliegt mit dem Düsenflugzeug von Santiago 6 Stunden, bis man diese vielleicht isolierteste aller Inseln erreicht und weitere 6 Stunden von der Osterinsel zur nächsten, wirklich besiedelten Inselgruppe, nach Tahiti.

Um das Jahr 400 kamen Polynesier zu der Osterinsel, die bis dahin keine menschliche Bevölkerung kannte. Sie ließen sich auf diesem vulkanischen Eiland nieder, schlugen den Wald, bauten Dörfer und Tempel, entwickelten mit ihren einfachen Faustkeilen eine bemerkenswerte Technik der Steinbearbeitung, schufen die berühmten Steinfiguren, die sie rund um die Insel nahe von Dörfern mit Häfen aufstellten, schlugen immer mehr Wald, vermehrten sich und, als ihre Zahl zu groß wurde, begannen sie, sich zu bekriegen. Die kleine Insel wurde schließlich in zwei feindliche Königreiche geteilt. Offensichtlich breiteten sich Krankheiten aus, es kam immer wieder zu Epidemien. Holz für den Bau seetüchtiger Schiffe, für die Fischerei (in diesem relativ armen Meer) und für den Transport der gewaltigen Steinfiguren von der Entstehungsstelle zu den Häfen unentbehrlich, war verbraucht. Die Tempel wurden zerstört, wieder aufgebaut, wieder zerstört, Wald existierte nicht mehr ... Es war ein kleines Restvolk von vielleicht 500 Menschen, die die Europäer vorfanden, als sie erstmals die Osterinsel betraten. Die Insel war nun eine baumlose Steppe; die einstmals mehr als 20 000 Bewohner lebten nunmehr in Höhlen, sie huldigten einem grausamen Vogelkult mit Kannibalismus.

In der Folgezeit stieg die Bevölkerung (trotz Sklavenhandels) wieder ein wenig; Hunde, Katzen und Schafe wurden eingeführt (und vernichteten die von den Polynesiern mitgebrachten Hühner). Von 1900 bis 1950 war die Insel eine einzige riesige Schaffarm (mit etwa 60 000 Schafen).

Heute leben 3 Landvogelarten hier, aus Südamerika eingeführt. Niemand kennt die ausgerotteten Bäume. Ob die Grillen, die Wespen, die Schmetterlinge, die Eidechsen einheimisch sind? Niemand vermag es zu sagen. Eine Steinzeitkultur hat den eigenen Lebensraum zerstört, hat die einst reiche Vogelinsel geleert. Der steinzeitliche Mensch der Osterinsel lebte nicht im Einklang mit seiner Heimat, er zerstörte sie, wie wir es tun.

Es hat schon viele globale Katastrophen in der Geschichte des Lebens gegeben. Während der Entwicklung des Menschen kam es zu einer Reihe von globalen Katastrophen, die er selbst verschuldet hat. Eine große Anzahl weiterer Katastrophen waren von lokaler Natur, und fast immer konnte der Mensch irgendwohin ausweichen.

Diese Zeiten sind vorbei. Ein Ausweichen nach irgendwohin gibt es nicht mehr. Insofern unterscheiden sich unsere heutigen Probleme dramatisch von denen anderer Zeiten. Aber letzten Endes sind es die gleichen Probleme.

Der Gedanke an das verträumte, im Gleichklang mit seinem Lebensraum lebende Dorf ist ein Ammenmärchen. Der Gedanke, man könne unsere Probleme durch Zurückdrehen auf die Wirtschaft früherer Zeiten meistern, ist Selbstbetrug. Wir können nur überleben, wenn wir all unser modernes Wissen nutzen – aber für unser Überleben und nicht für unseren Tod. Wir haben nur noch sehr wenig Zeit. Die Möglichkeit, die Säugetiere und der Mensch durch die ganze Evolution genutzt haben, nämlich überschüssige Individuen durch Verlassen des Heimatgebietes zu entfernen, besteht für uns nicht mehr.

Wir werden uns zum ersten Mal in der Geschichte der Menschheit andere Methoden der Populationsbegrenzung überlegen müssen, religiöse Tabus und religiöse oder ideologische Dogmenerziehung dürfen uns nicht dabei behindern. Die größte Umweltverschmutzung auf unserer Erde ist noch immer die Zahl der Menschen, und sie darf nicht weiter ansteigen. Es gibt Möglichkeiten, zu einer Begrenzung durch freiwilligen Entschluß zu kommen, sonst werden uns Zwangsmaßnahmen, wie die, zu denen sich der chinesische Staat gezwungen sieht, nicht erspart bleiben. Aus dem Blickwinkel des Ökologen sind selbst solche Zwangsmaßnahmen noch geradezu als human anzusehen, verglichen mit der sonst mit Sicherheit zu erwartenden Katastrophe.

Landschaften, Pflanzen und Tiere unserer Heimat sind also überaus stark vom Menschen überformt, sie sind ferner einem dauernden Wandel infolge von Klimaschwankungen unterworfen, und entsprechend ändern sich Pflanzen, Tiere, Lebensräume und Lebensgemeinschaften. Man muß sich daher fragen, warum wir Naturschutz treiben, welches die Zielvorstellungen des Naturschutzes sind, was das kostet und für wen das alles ist. Damit wollen wir uns im nächsten Kapitel beschäftigen.

Von etwa 1800 bis 1900 hat sich die Bevölkerungsdichte auf dem Gebiet der Bundesrepublik Deutschland verdoppelt, und seit dem 2. Weltkrieg kam es zu einer weiteren Verdoppelung. Dazu kommt ein viel größerer Eingriff des Menschen als früher durch Luft- und Wasserverschmutzung, durch Aufsuchen von Erholungsgebieten (die früher ohne Auto faktisch nicht erreichbar und damit sehr ruhig waren) und durch unsere Müllberge. Was wir heute nicht wirksam schützen, ist verloren. Was um 1930 noch einfach durch seine Entfernung von Ballungsgebieten ungefährdet erschien, ist heute aufs äußerste gefährdet.

2 DER NATURSCHUTZ

WARUM Für die europäischen Menschen muß es eine furchtbare Situation gewesen sein, als Galilei ihr Weltbild veränderte und damit den Zusammenbruch aller Vorstellungen, einen Zusammenbruch all dessen bewirkte, für das und durch das sie lebten und dem nichts Wirkliches entgegenzusetzen war. Der von Gott gemachte Mensch, der auf der Erde von Gott über alles eingesetzte Mensch, der von Gott besonders geliebte Mensch auf einer Erde, um die sich alles drehte, der Mensch als Ebenbild Gottes war plötzlich nicht mehr der Mittelpunkt. Stattdessen drehte sich die Erde um andere, unvorstellbar weit entfernte Gestirne, der Weltenraum war riesig, und die Menschen mußten sich in ihm verloren fühlen. Gab es Gott überhaupt noch? Hatte es ihn je gegeben? Kein Wunder, daß diese Fragen, nicht nur im verborgenen Kämmerlein ganz hinten einmal blitzartig aufzuckten, sondern daß diese Fragen öffentlich gestellt wurden, obwohl Todesstrafe und Scheiterhaufen darauf standen. Zu nah aber lagen diese Fragen, als der Mensch plötzlich aus dem Zentrum des Universums verschwand und als die Erde nun wirklich nicht mehr das Zentrum des Universums war. Es dauerte lange, bis man sich an diese Situation gewöhnte, bis man die Konsequenzen aus dem neuen Wissen letzten Endes weitgehend verdrängte und sich im Wissen um den neuen Standpunkt doch wieder als Gottes Ebenbild und als Zentrum der Welt fühlte.

Man konnte dies erreichen, weil die galileische Revolution einen Punkt ausließ: die Ethik blieb unangetastet, nur physikalisch war der Mensch nicht mehr das Zentrum, war die Erde nicht mehr der Mittelpunkt des Universums, um das sich alles drehte. Die ethische Einstellung, die ethische Grundhaltung, die Lehre der Ethik aber blieb mittelalterlich, und sie ist es bis heute geblieben. Die Revolution des Galilei und Kopernikus veränderte schließlich nur ein paar Dinge des täglichen und physikalischen Wissens und änderte nichts an der geistigen Haltung. Konsequenterweise hätte zu ihr auch die geistige Erkenntnis gehört, daß der Mensch nur eines unter unendlich vielen Geschöpfen Gottes ist und daß er sich diesen Mitgeschöpfen gegenüber anständig zu verhalten hat, wenn er überhaupt weiter existieren will. Der Lehrsatz, daß der Mensch sich die Erde untertan machen solle, hätte logischerweise schon damals ersetzt werden müssen durch einen Lehrsatz vom Miteinander und Füreinander. Diese Änderung der Ethik ist nicht erfolgt, und sie ist bis heute nicht erfolgt. Natürlich gibt es ein paar Große, die dies gesehen und gelehrt haben, die sahen, daß der Mensch nur eines unter vielen Geschöpfen Gottes ist und daß die Erde nur ein Raumschiff ist unter unendlich vielen anderen Raumschiffen, auf der wir erwählt oder verdammt sind zu leben, weil wir nirgendwo anders leben können. Aber die Lehren dieser großen Philosophen, Theologen und Lehrer blieben nichts anderes als Feigenblätter, die man gelegentlich aus der Versenkung hervorholt, wenn unsere Haltung unserer Umwelt gegenüber als das bezeichnet wird, was sie ist: mittelalterlich. Diese großen Lehrer wie Franz von Assisi (um nur den bedeutendsten zu nennen) blieben ohne Resonanz und ohne Effekt. Die europäische Menschheit benahm sich ihren Mitgeschöpfen und ihrer Erde gegenüber, als ob die Revolution des Kopernikus und des Galilei nicht stattgefunden hätte.

Aber wir können heute eines mit naturwissenschaftlicher Gewißheit sagen: die alte Ethik, die mittelalterliche Haltung, die den Menschen in den Mittelpunkt stellte, ist schlicht und einfach falsch. Ebenso wie sich Mathematiker und Naturwissenschaftler irren können, können sich auch Religionsstifter, Philosophen und Lehrer irren. Ebenso wie die, die die Erde in das Zentrum des Universums gerückt haben, sich irrten, so waren auch die auf dem falschen Weg, die meinten, der Mensch dürfe sich die Erde beliebig untertan machen.

Dies ist heute bei denkenden Menschen allgemein anerkannt. Aber was nützt es? Solange es nicht selbstverständliches Allgemeingut aller Menschen ist, ist unsere Ethik mittelalterlich, und die daraus resultierenden Konsequenzen sind fatal.

Der christliche Glaube, das Judentum, der Islam, der Buddhismus, der Hinduismus werden durch diese Aussagen nicht berührt. Berührt werden lediglich simplifizierende Zutaten für das tägliche Verhalten, die ohne Probleme für die Religionen gestrichen werden könnten.

Dies ist der globale Aspekt. Der kleine Aspekt kommt hinzu. Der alte.Satz

> *Was Du nicht willst, das man Dir tu*
> *das füg auch keinem andern zu*

sagt in sehr kurzen Worten das, was Lehrbücher der Ethik bis ins einzelne ausführen. Umweltzerstörung kennt keine Grenzen. Eine gründliche Naturzerstörung auf der einen Seite einer Grenze wirkt sich auch auf der anderen Seite dramatisch aus. Die Diskussion um Naturschutzgebiete darf nicht mit der Argumentation um politische Grenzen ausfallen. Das ist eine leicht aufzustellende Forderung, die in der Praxis außerordentlich schwierig durchzusetzen ist – selbst dann, wenn alle Beteiligten voll des guten Willens sind. Diese Schwierigkeit aber bedeutet nicht, daß hier Naturschutz und Naturschutzgebiete unmöglich sind. Tatsächlich zeigt die nicht festgeschriebene, nirgends publizierte und offiziell gar nicht existente Zusammenarbeit von Naturschützern auf beiden Seiten einer schwierigen Grenze gar nicht selten, daß hier große grenzüberschreitende Naturschutzgebiete entstehen, in denen die Natur faktisch in der Lage ist, die existierenden politischen Grenzen zu überspringen. Nur: man darf nicht soviel darüber reden.

Schließlich: *Wir haben die Erde von unseren Kindern nur geborgt.* Dieses alte indianische Wort braucht kaum eine weitere Erläuterung. Wir sind ja wohl verpflichtet, unseren Kindern eine Welt zu hinterlassen, in der sie nicht nur Überlebensmöglichkeiten haben, sondern in der sie zusammen mit unseren Mitgeschöpfen wirklich Lebensmöglichkeiten besitzen. Das Wort „Leben" ist hier im Wortsinn eines glühenden, sprühenden, sich entwickelnden Vorgangs gemeint.

WAS IST Durch unsere neudeutsche Sprache geistern vier Worte, die vielfach deckungsgleich benutzt werden, die aber ganz Verschiedenes bedeuten: Ökologie, Umweltschutz, Naturschutz und Tierschutz. Was bedeuten diese Worte?

DER BEGRIFF ÖKOLOGIE Ökologie ist eine nunmehr über hundert Jahre alte strenge Naturwissenschaft, sie ist keine Heilslehre. Sie untersucht, welche Faktoren für das Vorkommen von Pflanzen, Tieren und Mikroorganismen entscheidend sind, sie untersucht, wie die Populationen dieser Organismen langfristig auf einem ungefähr gleichmäßigen Niveau gehalten werden, und studiert als Synthese aus beidem, wie unsere Ökosysteme funktionieren. Das ist eine wertfreie Arbeit, die eigentlich schon vor sehr langer Zeit begonnen hat und deren frühester und bedeutendster aller Vertreter in Deutschland Alexander von Humboldt war. Er zeigte bei seiner „südamerikanischen Reise" wohl als erster, was Ökologie ist und was sie leisten kann. Der Terminus „Ökologie" wurde allerdings erst später geprägt – vor jetzt etwas mehr als hundert Jahren – durch Ernst Haeckel. An Umweltverschmutzung dachte man dabei nicht, und noch heute hat die wissenschaftliche Ökologie mit Umweltverschmutzung primär nichts zu tun. Das ist gut und berechtigt so: wir wissen noch immer viel zu wenig über das normale Funktionieren in unseren Ökosystemen. Ebenso wie die medizinische Wissenschaft ja zunächst das normale Funktionieren des menschlichen Körpers analysieren und kennen muß, so muß die Ökologie das normale Funktionieren unseres Raumschiffs Erde bis in Einzelheiten kennen, ehe wirkliche Heilungsvorschläge bei Umweltverschmutzung gemacht werden können.

NATURSCHUTZ – ANGEWANDTE ÖKOLOGIE Nach einem Wort von Wolfgang Erz ist der Naturschutz mit der Ökologie etwa so verwandt wie die Technik mit der Physik. Ebenso wie ein Physiker sich nur begrenzt für das Funktionieren von technischen Apparaturen interessiert und nur begrenzt daran denkt, solche selbst zu konstruieren, sondern daran, die Grundlagen zu erforschen, aufgrund derer technische Apparaturen erst konstruiert werden können, ebenso erforscht der Ökologe die Grundlagen, aufgrund derer Naturschutz bei uns möglich ist. Naturschutz basiert also auf den Grundlagen der Ökologie, man muß jedoch andere Grundlagen – wie etwa sozioökonomische Faktoren – mit in die Betrachtung einbeziehen. Der Naturschützer muß wissen, daß diese Grundlagen nicht entfernt genügend erforscht sind, ebenso wie der Techniker vielfach weiß, daß er einen Apparat konstruiert, dessen Grundlagen noch nicht völlig klar sind (und der Apparat dann Kinderkrankheiten hat). Die Grundlagen der Ökologie sind unendlich viel komplizierter als die Grundlagen der Physik, und so ist es kein Wunder, daß die ökologischen Grundlagen des Naturschutzes heute viel weniger bekannt sind als die der Physik. Hinzu kommt, daß die Ökologie so sehr lange als ein „Orchideenfach" galt: sie ist daher nie genügend gefördert worden. Der Naturschutz muß also notgedrungen auf ungenügenden Grundlagen aufbauen. Da er aber in kürzester Zeit möglichst gute Ergebnisse bringen möchte, schießt er heute vielfach übers Ziel hinaus. So verhindern die neuen Naturschutzgesetze z.B., daß ein Kind Grashüpfer, Käfer oder Kaulquappen aufheben und mit nach Hause nehmen darf. Bei strenger Befolgung wird ein Kind nie die Zerbrechlichkeit der freien Natur erfahren. Es wird nie erfahren, wie gefährdet die Systeme sind, von denen wir alle abhängen. Es wird nur die Situation im Wald, im Feld, am Wasser einschätzen als „alles ist verboten". Damit ziehen wir eine neue Generation von Menschen heran, denen jeglicher Sinn für Natur und für Naturschutz fehlen muß. Wenn es dann schon so weit ist mit unseren lebenden Mitgeschöpfen, dann hat das Bemühen um eine Erhaltung keinen Sinn mehr. Dann ist alles nicht mehr notwendig. Es muß möglich sein, daß Kinder Pflanzen und Tiere im Freien erfassen im wahrsten Sinne des Wortes. Der Naturschutz ist angewiesen auf viele Fachleute, die das unendliche Heer der Pflanzen und Tiere (insbesondere Schnecken und Insekten) genau kennen. Ohne genaue Artenbestimmung sind ökologische Aussagen und naturschützerische Aussagen vielfach sinnlos. Und was machen wir? Da gibt es einen weltbekannten Spezialisten für Köcherfliegen, dem seine Arbeit in Deutschland untersagt wurde, weil sie angeblich naturschutzwidrig sei. Da gibt es einen weltbekannten Spezialisten für Algen, die ganz wichtige Indikatoren für Gewässergüte darstellen. Man hat ihm die Probennahme in einem deutschen Naturschutzgebiet verboten. Nun arbeiten beide in Ungarn, Jugoslawien und den USA für die dortigen Naturschutzbehörden. Der Gedanke, man fände einen verständnisvollen Richter oder Polizeibeamten, führt in die Irre. Ein Gesetz, welches nicht befolgt zu werden braucht, ist schlimmer als gar kein Gesetz, denn es zerstört die Achtung vor dem Gesetz. Hier wird der Naturschutz, um stärker sein zu können, Positionen zurücknehmen müssen.

Nicht alles, was sich Naturschutz nennt, ist Naturschutz. Das ist besonders wichtig in einer Zeit, wo es anerkannte Naturschutzverbände gibt, und mit dieser Anerkennung als Naturschutzverband sind bestimmte Rechte verbunden. Ganz sicher kann ein Verband, der das Töten freilebender Tiere demaskierend als Sport bezeichnet, etwa ein Sportfischerverband, nicht in diesem Sinn ein Naturschutzverband sein (aber es wird so praktiziert). Das gleiche gilt für die Jagd, obwohl als sicher gelten muß, daß der ganz überwiegende Teil jagdlicher Tätigkeit heute in Mitteleuropa nicht das sogenannte Gleichgewicht in der Natur fördert, sondern wie die Sportfischerei, ein Sport ist. Natürlich haben beide Verbände auch Naturschutzfunktionen, und man muß anerkennen, daß die ganz dringend notwendige Aufsicht in Feld und Wald durch Jäger hervorragend geleistet wird und daß hier ein ganz großes Verdienst der Jagdausübenden liegt. Ein Verbot der Jagd, so wie es von Naturschutzverbänden manchmal angestrebt wird, würde daher zweifellos unerträgliche Folgen haben. Nur: Jagd ist nicht Naturschutz und der Satz *ohne Jäger kein Wild* ist falsch.

TIERSCHUTZ IST NICHT NATURSCHUTZ Mit dem Naturschutz verwechselt wird häufig der Tierschutz, der, obwohl unbestritten notwendig, eigentlich keinerlei Berührungspunkte mit dem Naturschutz hat. Besonders in seinen heutigen extremen Formen ist der Tierschutz eher als naturschutzfeindlich anzusehen. Wenn Tierschützer beispielsweise aus Nerzfarmen die Tiere „befreien", so ist dieses die übelste Tierquälerei, denn „befreite" Nerze haben in der Freiheit keinerlei Überlebenschance und gehen elendig zugrunde. Falls aber einer unter Hunderten einmal überleben sollte, so stört er eindeutig das ökologische Beziehungsgefüge. Wenn Tierschützer beanspruchen, mit einem Hund durch Wald und Flur zu wandern, so stört auch dies insbesondere im Wald die dortige ökologische Situation entscheidend. Dazu braucht der Hund nicht einmal ein Reh oder einen Hasen zu hetzen. Die Wildtiere riechen den Hund, der für sie der entscheidende Ur-Feind ist, und gewöhnen sich nie daran. Außerhalb

von Deutschland ist daher fast überall die Mitnahme
eines Hundes oder einer Katze in Naturschutzgebiete
oder Nationalparks, vielfach sogar in den Wald,
grundsätzlich verboten. Das zugunsten der Hunde und
Katzen immer vorgebrachte Argument, auch früher
seien ja schließlich Wölfe und Wildkatzen mit ganz
ähnlicher Lebensweise dagewesen, zieht nicht: ein
Wildkatzenpärchen oder ein Wolfspaar braucht für seine Existenz etwa einen Lebensraum von 100 qkm.
Das ist eine vernachlässigbare Bevölkerungsdichte gegenüber der Hunde- und Katzendichte, die wir heute
haben – selbst wenn man in Rechnung stellt, daß vielleicht die heutigen Katzen weniger erfahren sind und
weniger Beute machen können als die echten Wildkatzen.

Wenn Tierschützer sich nur gegen die Jagd wen-
den und Jagd als Tierquälerei brandmarken, so ist das
einäugig: bei der Sportfischerei wird viel mehr Tierquälerei begangen. Zwischen Ökologie und Naturschutz auf der einen Seite und Tierschutz auf der anderen klafft also eine sehr beträchtliche Kluft.

Naturschutz und Umweltschutz Der Umweltschutz schließlich ist die heute absolut notwendige
Wissenschaft und Technik von der Begrenzung von
Umweltschäden, die durch die heutigen, viel zu vielen Menschen und ihre Technik entstehen. Der Umweltschutz versucht, diese Schäden mit technischen
Mitteln zu minimieren oder, wenn sie entstehen, wieder aufzufangen. Der Naturschutz versucht, die ökologischen Prozesse zu erhalten, die die Entstehung des
Menschen und all der Ökosysteme um ihn erlaubten.
Der Umweltschutz versucht, durch technische Hilfsmittel diese Systeme, wenn sie durch den Menschen

und seine Tätigkeit zerstört sind, zu korrigieren. Der Umweltschutz versucht also letzten Endes das gleiche, was der Naturschutz versucht, aber seine Tätigkeit ist nicht kostenfrei: sie kostet Energie und Material. Der Naturschutz dagegen versucht, die ökologischen Prozesse, die sowieso in einer ungestörten Welt ablaufen würden, am Laufen zu erhalten und damit die Welt bewohnbar zu halten.

Das sind die Ziele. Sie werden häufig nicht genügend gesehen und sie werden häufig nicht erreicht. Man muß sie jedoch sehen, wenn man die einzelnen Disziplinen beurteilen will.

Das Miteinander und Gegeneinander von Naturschutz und Umweltschutz wird vielleicht am besten am Beispiel unserer großen Flußauen deutlich. Flüsse sind ja wohl die am meisten vom Menschen veränderten Landschaften überhaupt. Frankfurt trägt seinen Namen, weil die Franken dort in einer Furt durch den Fluß wandern konnten. Der Mensch hat den Fluß als Schiffahrtsweg vertieft und ihn dadurch schmaler und schneller gemacht, er hat ihm all seine Last an Abfällen schon seit dem frühen Mittelalter mit auf den Weg gegeben. Der Fluß konnte nun nicht mehr in einem sehr breiten Bett mit vielen Armen flach und behäbig dahinziehen, sondern sein Bett wurde immer tiefer, sein Lauf immer schneller. Dazu kam etwas, was man sich eigentlich hätte denken können: der Fluß hat keine gleichmäßige Wasserführung, sondern infolge unserer Jahreszeiten schwankt die Wasserführung sehr stark. Die Schneeschmelze im Frühjahr bringt den Flüssen Hochwässer, diese Hochwässer kommen an den Mündungen von Main und Mosel in den Rhein normalerweise im Hochsommer an. Wird der Fluß schmaler und tiefer, so verlockt er zu näher am Hauptstrom gelegenen Siedlungen, diese Siedlungen werden nun bei den sehr schnellen, überraschenden Hochfluten überspült. Setzt dazu im Quellgebiet – beim Rhein in den vielen Quellgebieten all seiner Nebenflüssen – eine Entwaldung ein, so daß das Wasser auch hier schneller abfließt, werden die Hochwässer immer stärker. Gegen sie baut der Mensch Deiche. Während der natürliche Fluß bei Hochwasser über die Ufer trat und weite Landflächen überspülte, bleibt er nun in einem engen Bett. Er fließt noch rascher und die Deiche müssen umso höher werden, je tiefer man ins Flachland hineinkommt. Daß hier irgendwo ein Grenzwert erreicht ist, wo die Städte am Ufer nicht mehr eingedeicht werden können und ziemlich regelmäßig hoch überflutet werden, ist selbstverständlich. Auch am Niederrhein kann man die Deiche nicht so bauen, wie dies bei manchen Hochwässern nötig wäre. Der Deichbau wird als Umweltschutz gegen Überschwemmungen angesehen, und diese technische Bewirtschaftung des Wassers scheint jetzt an einem Ende angelangt. Man plant nun Becken entlang des Stromes, in die bei Hochwasser überschüssiges Wasser hineinlaufen kann oder hineingepumpt wird – eine technisch komplizierte und sehr energiezehrende Aufgabe. Der Naturschutz auf der anderen Seite hat sich gegen diese Wasserbaumaßnahmen seit langem gewehrt. Er schlägt die Einrichtung von sehr großen Überlaufarealen am Rand der Flüsse vor, mit denen die alten Auwälder, die früher die amphibische Landschaft eines Flusses begleiteten, wieder hergestellt werden. Derartige Auwälder sind in der Lage, relativ große Wassermengen aufzunehmen und langfristig zu speichern. Wenn sie einen ganzen Sommer unter Wasser stehen (es gibt schließlich sehr nasse Sommer in unseren Breiten), macht das ihnen nichts aus, und sie wachsen weiter wie zuvor. Andererseits bedeutet es für diese Auwälder keinerlei Gefährdung, wenn sie ein volles Jahr überhaupt nicht unter Wasser stehen. Der Unterschied zwischen den von der Technik und vom Naturschutz vorgeschlagenen Auffangbecken liegt zum einen in der Größenausdehnung: die vom Naturschutz vorgeschlagenen Areale sind sehr viel größer, und sie unterscheiden sich zum anderen in ihrer Auskleidung: der Techniker muß Becken mit einer festen Grasnarbe oder gar technisch ausgekleidete Becken von sehr großer Tiefe konstruieren, und damit muß er überaus effektive Pumpen für das Füllen und Entleeren einsetzen. Der Naturschutz versucht, die alten ökologischen Prozesse, die früher einmal im Aubereich eines jeden Flusses abliefen, wiederherzustellen; sie arbeiten dann kostenfrei. Der Techniker, der versucht, das Problem in den Griff zu bekommen, braucht einen großen finanziellen Aufwand. Die Kosten des Naturschutzes liegen allein im großen Platzbedarf, und der Naturschutz argumentiert, daß landwirtschaftliche Flächen sowieso stillgelegt werden sollen, daß die dafür vorgeschlagenen Auffangareale sowieso wegen ihrer Überschwemmungsgefahr nicht besiedelt werden können. Der Umweltschutz argumentiert mit sehr hohen Landpreisen.

Dieses Beispiel zeigt das Gegeneinander von Umweltschutz und Naturschutz, welches sich in den letzten Jahren in vielen Bereichen — neuerdings besonders im Wasserbau — vielfach in ein Miteinander entwickelt. Die faktisch nicht vorhandene Störanfälligkeit und der geringe Energieverbrauch ökologischer Konzepte bei der Krise in der Landwirtschaft der Europäischen Gemeinschaft haben hier dem Naturschutz geholfen. Bitter ist, sagen zu müssen, daß es nicht die Überzeugungsarbeit für den Naturschutz war, sondern technische und ökonomische Argumente, die hier in den Vordergrund traten.

FÜR WEN Eines bringt mich immer auf: ganz regelmäßig findet man in der Tageszeitung einen Bericht darüber, daß sich verschiedene Gruppierungen um die Verwendung eines alten Fischteiches, eines neu entstandenen Baggersees und dergleichen streiten, und als Ergebnis kommt dann mit Sicherheit heraus, daß „ein Drittel des Sees den Surfern zur Verfügung gestellt wird, ein Drittel des Sees den Anglern und ein Drittel des Sees den Naturschützern". Diese Meldung kann man, wenn man etwas aufmerksam ist, tagtäglich in irgendeiner Zeitung finden, und sie vermengt Äpfel und Pferdeäpfel. Die Surfer wollen den See für ihr Hobby, die Angler für ihren Sport. Nur die Naturschützer wollen ihn nicht für sich. Das Charakteristikum des Naturschutzes ist, daß der Naturschützer etwas nicht für sich, für sein Hobby haben will, sondern daß er sich engagiert für die Allgemeinheit, für unser aller Kinder, für unser Überleben. Das sieht zwar auf den ersten Blick so aus, als ob der Naturschutz wie ein Fußballverein oder ein Angelverein handelte, und der Naturschutz hat sich hier viel zu wenig, viel zu wenig effektiv und nicht mediengerecht zur Wehr gesetzt (oder die Medien wollen hier prinzipiell nicht mitziehen, weil so etwas ihrem Anzeigenaufkommen schadet und ihren Abonnenten nicht paßt). Der Naturschutz tut etwas für uns alle und vor allen Dingen für unsere Kinder.

Hier liegt ein prinzipieller Unterschied zwischen dem Naturschutz und allen anderen Gruppierungen. Natürlich sind bei dem Naturschützer auch egoistische Motive vorhanden. Es wäre unfair, dies nicht zu akzeptieren. Der Naturschützer liebt nun einmal unsere Landschaft, unsere Pflanzen und unsere Tiere, er wandert gern in einer solchen Landschaft und er schaut gern nach Pflanzen und Tieren. Insofern handelt der Naturschützer auch egoistisch. Aber dieser Egoismus ist verschwindend klein und eigentlich vernachlässigbar. Denn Gott sei Dank könnte der Naturschützer heute viel billiger mit viel weniger Aufwand nach Norwegen, nach Schweden, nach Finnland, nach Afrika fahren und dort noch weitgehend heile Natur anschauen. Es würde ihn viel weniger Aufregung kosten und es würde billiger für ihn sein. Wenn er sich für Naturschutz bei uns einsetzt, so ist das, von der ökonomischen Seite her betrachtet, schlichter Unfug. Er könnte das alles viel billiger haben. Aber: er weiß, mit welcher Geschwindigkeit auch in Skandinavien, auch in Afrika die Natur vernichtet wird, und daß wir von dieser Natur leben, daß diese Natur die Grundlage unserer Existenz und der Existenz unserer Kinder darstellt. Im einzelnen habe ich versucht, das in den anderen Kapiteln zu belegen. Hinzu kommt sicher auch noch eine psychologische Komponente, die bisher völlig unzureichend untersucht ist und die unter dem Schlagwort *wieviel Grün braucht der Mensch?* zusammengefaßt werden könnte.

Offensichtlich sinken allgemeines Unwohlsein, sinkt das Gefühl einer psychischen Belastung, sinkt die allgemeine Kriminalität, wenn der Mensch Gelegenheit hat, nach einem schweren Arbeitstag in der Industrie irgendwo ohne Lärmbelastung in der freien Natur zu wandern. Es braucht ihm dabei gar nicht bewußt zu werden, daß der Anblick einer Maus, eines Hasen, eines Rehes, eines fliegenden Vogels für ihn beruhigend wirkt.

Schon Goethe sagt:

Doch es ist jedem eingeboren,
daß sein Gefühl hinauf- und vorwärtsdringt,
wenn über ihm im blauen Raum verloren
ihr schmetternd Lied die Lerche singt.
wenn über schroffen Felsenhöhen
der Adler ausgebreitet schwebt
und über Wäldern, über Seen
der Kranich nach der Heimat strebt.

Diese Worte aus dem „Osterspaziergang" treffen die Situation, die, wie gesagt, bisher psychologisch völlig unzureichend analysiert wurde. Die berüchtigte Kriminalität in Städten, die unsere Großstädte heute unsicher machen, und die berühmte Gastfreundschaft sehr armer Landbevölkerungen machen das generelle Bild deutlich. Natürlich gibt es Ausnahmen, aber das allgemeine Bild bleibt bestehen.

Der Naturschutz ist also ein Schutz für den Menschen, aber er ist auch ein Schutz vor dem Menschen. Der Mensch zerstört zu leicht, was er unbewußt liebt. Naturschutz ist nur möglich, wenn der Mensch aus weiten Gebieten ausgesperrt bleibt. Wir können Naturschutz nur betreiben, wenn diese freiwillige Übereinkunft der Menschen wirklich durchsetzbar ist.

Wie schwierig dieses freiwillige Einhalten von Grenzen für uns Menschen ist, hat Alfred Andersch in seinem Buch „Hohe Breitengrade" auf Seite 60 gesagt. Er schreibt:

Aber wir vermehren uns weiter wie die Kaninchen. Der große Fortschrittsphallus stößt sein Sperma aus und der große Gedanke der Askese ist noch nicht gedacht. Als unvorstellbar gilt, der Mensch könne sich aus freiem Entschluß zurückziehen. Grenzen sind dazu da, überschritten zu werden: dies gilt als Lehrsatz und als Schicksal, am unerbittlichsten bei denen, die von Freiheit sprechen; den furchtbaren Gegensatz zu ihr, der in einem Zwang zum Überschreiten steckt, bemerken sie nicht. Freiheit wäre da, wo wir an einer Grenze sagten: es ist genug.

WOZU Stellen Sie sich einmal vor: Sie haben Ihren mühsam verdienten Urlaub vor sich. Nun stehen Sie am Flughafen und schauen auf das Flugzeug herunter, das Sie vielleicht in einer halben Stunde an einen paradiesischen Urlaubsplatz bringen soll. Da sehen Sie, wie ein Monteur an diesem Flugzeug eine Schraube nach der anderen herausdreht und dieselben fein säuberlich in einem kleinen Beutel sammelt. Das kommt Ihnen natürlich merkwürdig vor, und Sie fragen, was denn dies solle. Sie erhalten von einem Vertreter oder einer Vertreterin der Fluggesellschaft die Antwort: *Sie wissen doch, daß es den Fluggesellschaften in der augenblicklichen Zeit nicht besonders gut geht. Die Ingenieure haben dieses Flugzeug aber, ebenso wie alle anderen Flugzeuge, mit hundertfacher Sicherheitsreserve konstruiert, und so drehen wir überall die Hälfte aller tragenden Schrauben heraus, dann haben wir immer noch eine fünfzigfache Sicherheit. Das reicht vollkommen. Wir können aber die Schrauben in unseren Reparaturwerkstätten benutzen, wir brauchen dann keine neuen einzukaufen.* Ich bin sicher, daß Sie daraufhin Ihre Flugkarte zurückgeben und sich eine andere Linie suchen werden.

Aber auf dieser Erde können wir uns kein anderes Raumschiff als unsere Erde suchen. Nirgendwo sonst können wir leben. Und doch schauen wir gelangweilt, vielleicht auch interessiert, aber letzten Endes teilnahmslos der Tatsache zu, wie unserem Raumschiff eine Sicherheitsschraube nach der anderen genommen wird. Wir wissen ja: die Erde, auf der unsere Nahrung wächst, der Ozean, der eine wichtige Eiweißquelle für uns darstellt, der Wald und die Erde (zusammen mit dem Meer und den Süßgewässern) mit ihren Organismen sorgen dafür, daß unsere Atemluft Atemluft bleibt; sie sorgen dafür, daß unser Wasser Trinkwasser bleibt; sie sorgen für Regen und Verdunstung. Ohne Lebewesen würde unser Raumschiff Erde nicht mehr für den Organismus Mensch bewohnbar sein, der so lange das Gefühl hatte, der Mittelpunkt des Universums zu sein und dieses ohne Bedenken nach Momententscheidungen in dieser oder jener Weise ausbeuten zu können. Nur durch die Organismen, durch Pflanzen, Tiere, Bakterien, Pilze ist unsere Erde für uns bewohnbar. Wir wissen nicht, ob die Schöpfung eine hundertfache Sicherheit eingebaut hat, eine fünfzigfache, eine tausendfache oder eine zehntausendfache. Vielleicht aber ist es nur eine zehnfache? Wir schauen tatenlos zu, wie eine dieser Sicherheitsschrauben nach der anderen auf Ewigkeiten verschwindet. Und: ebenso wie es nicht genügt, von jedem Schraubentyp eine an diesem Flugzeug zu lassen, so genügt es nicht, in jeweils einem Zoo oder einem Schutzgebiet eine Pflanzenart oder eine Tierart zu erhalten. Diese Sicherheitsschrauben braucht man überall.

Und: anders als die Schrauben unseres Flugzeugs kann man sie, einmal herausgedreht, nicht wieder bei einer Reparatur hervorkramen und ersetzen.

Ausgestorben heißt ausgestorben, für immer.

Dieses Beispiel, welches der Amerikaner Paul Ehrlich als erster erläuterte, ist die Basis der Antwort auf unsere Frage „Wozu?" Man sollte das aber im einzelnen noch etwas weiter erläutern.

Naturschutz als Notwendigkeit in Land- und Forstwirtschaft Vielfach wird angegeben, der Sauerstoff, der bei der Photosynthese der Pflanzen gebildet wird, sei ein wesentlicher Grund für den modernen Naturschutz. Dies ist nicht der Fall. Zwar stammt die Sauerstoffatmosphäre unseres Raumschiffes aus dieser Tätigkeit der grünen Pflanzen und das ungefähre Gleichgewicht aus der Sauerstoffproduktion der höheren Pflanzen sowie aus dem Abbau und damit dem Sauerstoffverbrauch der Bakterien, Pilze, Pflanzen und Tiere. Sauerstoff ist das zentrale Lebenselement unserer Erde.

Aber: dieser Sauerstoff wird genauso von der landwirtschaftlichen und forstwirtschaftlichen Tätigkeit des Menschen produziert. Felder, Wiesen und Forsten produzieren ebensoviel Sauerstoff wie die natürlichen Pflanzengemeinschaften, die an dieser Stelle stehen würden. Der Mensch und seine Haustiere verbrauchen diesen Sauerstoff in der gleichen Weise wie das die wildlebende Tierwelt auch tun würde. (Daß der Mensch durch Verbrennung fossiler Brennstoffe nunmehr den Sauerstoffgehalt geringfügig absenkt und den Kohlendioxidgehalt deutlich erhöht, steht auf einem anderen Blatt und kann mit Naturschutzproblemen nicht in Zusammenhang gebracht werden. Dies ist ein Problem des technischen Umweltschutzes.)

Das Problem der Atemluft ist also zunächst nicht unser Problem beim Naturschutz. Aber: Landwirtschaft und Forstwirtschaft in allen ihren Aspekten sind sehr wohl ein Thema des Naturschutzes. Denn beide Wirtschaftsarten führen unter anderem zu Erosionen unseres Erdbodens und sollen daher im folgenden näher besprochen werden.

Bei jeder Landwirtschaft wird der Boden gepflügt oder auf andere Weise oberflächlich so gelockert, daß neues Saatgut von Wirtschaftspflanzen eingebracht werden kann. Während dieser Zeit ist der Boden für Regen, Frost, Trockenheit und Wind angreifbar. Auch wenn das neue Getreide gekeimt ist und sogar schon relativ groß herangewachsen ist, liegt der Boden noch weitgehend offen da und ist dem Zugriff des Wetters ausgesetzt. Das war so vom ersten Tag der Landwirtschaft des Menschen an. Diese Landwirtschaft begann ja in Halbtrockengebieten des vorderen Orients, wo relativ leicht die Bodenvegetation entfernt werden konnte und vom Menschen gewünschte Pflanzen eingesät werden konnten. Der Effekt ist uns allen bekannt. Durch Regen wird der Boden abgespült, durch Trockenheit wird er zu Staub und beim nächsten Sturm weit hinweggeblasen. Während der großen Rezession Ende der zwanziger Jahre in den USA gab es gleichzeitig eine dramatische Dürreperiode, bei der die großen Schwarzerdegebiete und die Präriegebiete der Vereinigten Staaten nach der Ernte keine neue Vegetation hervorbrachten und so meterhohe Bodenverluste durch Austrocknung und nachfolgende Stürme entstanden. Die großen Staubstürme während Trockenperioden in der Sahel-Zone werden uns regelmäßig wieder vor Augen geführt, und sie gehen einher mit Hungerkatastrophen in diesem Gebiet. In Deutschland ist es meist der Regen, der frisch gepflügte und frisch besäte Felder während der Herbst-, Winter- und

Frühjahrsmonate bedroht. Je größer diese Felder sind, umso gefährlicher kann die Erosion werden. Die riesigen Landwirtschaftsproduktionsstätten des Ostblocks haben dies sehr bitter zu spüren bekommen: metertiefe Erosionsgräben in weitgehend flachem Land stellten sich überall ein, und reißende Flüsse entstanden bei jedem größeren Regenschauer plötzlich wieder neu. Das von der normalerweise hier stehenden Vegetation aufgenommene und zum Teil durch den Boden ins Grundwasser geleitete Wasser fließt nun unter Erodierung des wertvollen Bodens sehr rasch ab und verursacht in den Flüssen unerwartet plötzliche und dramatische Hochfluten, wie wir sie vor allen Dingen in Deutschland aus dem Neckar-, Mosel-, Main- und Rheingebiet in den letzten Jahren kennengelernt haben. Hier stehen diese plötzlichen Hochfluten in Beziehung zu unserem Weinbau und insbesondere in neuerer Zeit zu der Flurbereinigung im Weinbau, bei der sehr große Flächen das Wasser nicht halten, sondern talwärts hinunterrauschen lassen. Mit dem immer höher steigenden Maisanbau in den deutschen Mittelgebirgen steht dies Problem auch hier an oberster Stelle. Die natürliche Vegetation würde den Boden festhalten, würde das Wasser halten und erst langsam abgeben, würde den Boden vor Erosion schützen. Wühlende Tiere (Regenwürmer, Mäuse) würden das Wasser mit ihren Bauten tief in die Erde leiten.

Aber nicht nur die Erosion ist es, die unseren Boden gefährdet. Boden – das ist eine merkwürdige Mischung aus zermahlenem geologischen Untergrund und zerkleinertem, auch chemisch aufbereitetem organischen Material von den oberirdisch lebenden Pflanzen und Tieren. Das Material ist porös und bindet Moleküle der verschiedensten Art locker an sich. So

bindet es auch (und vor allem) Nährstoffe, die die
Pflanzen dann mit ihren Wurzeln wieder aufnehmen.
Das Ganze wirkt etwa wie ein Aktivkohle-Filter – nur
mit dem Unterschied, daß durch die Tätigkeit der Bodenorganismen immer wieder reichlich freie Bil-
dungsstellen geschaffen werden. Die Filterkapazität eines gesunden Bodens ist enorm. Aber: Töten wir die
Bodenorganismen oder (und) bringen wir viel zu viele
Moleküle, die an sich hier gefiltert werden sollen, in
den Boden hinein, so werden die Bindungsstellen besetzt und nicht mehr von den Organismen aufgearbeitet. Dann geschieht, was unsere Trinkwasserversorgung bedroht: Pflanzenbehandlungsmittel und Dünger gehen, wie durch ein verbrauchtes Aktivkohlefil-
ter, einfach hindurch und gelangen ins Grundwasser.
Ein lebender Boden ist eine Lebensversicherung.

Nicht nur Pflügen und andere Formen der Bearbeitung des Ackerlandes führen zu einer Erosion. Ein
Überbesatz mit Haustieren bringt die gleichen Effekte
zuwege. Ein Beispiel: amerikanische Forscher wurden
bei der Analyse von Satellitenaufnahmen auf ein grünes, großes, sehr scharf abgegrenztes Areal in der sonst
vertrockneten pflanzenlosen Halbwüste der Sahelzone
aufmerksam. Eine Kontrolle ergab, daß es sich um den
Großgrundbesitz eines arabischen Scheichs handelte,
der durch Stacheldraht von der Umgebung abgetrennt
war. Der Koran, der Eigentum streng garantiert, hatte
diesem Großgrundbesitzer die Möglichkeit gegeben,
sein Territorium gegen die hungernden Viehherden
und die hungernden Menschen der Umgebung ab-
zugrenzen und einen so geringen Viehbestand zu halten, wie ihn dies Gebiet ohne weiteres auch in Trok-
kenperioden tragen kann. Man muß schließlich bedenken: Der überwiegende Teil der Sahelzone ist

nicht selbstverständlich Halbwüste oder Wüste, sondern er ist eigentlich Steppe. Erst mit der Zunahme der menschlichen Bevölkerung und der Zunahme ihrer Tierherden wurden diese Gebiete überweidet, und jedes grüne Hälmchen, das sich aus dem Boden wagte, wurde von den Tieren abgefressen. Damit konnten die Sonnenstrahlen unbarmherzig auf den Boden strahlen und diesen vollständig austrocknen. Grüne Hälmchen kommen kaum noch vor. Bei gleichen Klimabedingungen, aber mit einem sehr stark reduzierten Eingriff des Menschen und seiner Haustiere wachsen die Pflanzen, beschatten den Boden und lassen weitere Pflanzen hervorkommen. Es entsteht eine dürre Vegetation, eine Dornbuschsteppe. Aber wenn alle kleinen Pflanzen von Beginn an sofort von den viel zu vielen Tieren der viel zu vielen Menschen gefressen werden, entsteht eine Sand- und Geröllwüste, denn der Wind und der seltene Regen tragen dann auch noch den wertvollen Oberboden hinweg. Nicht die Menschen allein, sondern ihre übermäßige Zahl, nicht die Tiere allein, sondern ihre übermäßige Zahl im Gefolge des Hungers der zu vielen Menschen, nicht eine Klimaänderung sind so für die Situation der Sahel-Zone verantwortlich. Und Naturschutzgebiete, wie es faktisch dieses Gebiet des Großgrundbesitzers darstellt, zeigen uns mit aller Deutlichkeit, daß die Sahel-Zone keine trockene Sandwüste zu sein braucht. Die Sahel-Zone ist nur einfach kein Gebiet, in dem so viele Menschen wie heute überhaupt leben können. Die Zahl der Menschen zusammen mit der Zahl ihrer Tiere führt zu Erosionen in den normalen trockenen Jahren. Der Mensch dringt noch immer weiter in die Sahel-Zone vor, in den seltenen feuchten Jahren, wo die Vegetation dies vielleicht gerade noch aushält.

Genauso geht es mit der Forstwirtschaft. Auch hier schafft der Mensch durch seine Tätigkeit – mit zunehmend großflächiger werdendem Wirken umso schlimmer – mehr oder weniger kurzfristig vegetationsfreie Zonen, die dann vor allen Dingen durch Regen, im Sommer aber auch durch Trockenheit und anschließende Stürme ihres Boden beraubt, erodiert werden können. Die Forstwirtschaft hat dies relativ frühzeitig erkannt und hat sich bemüht, in Steilhanggebieten Schutzwälder anzulegen. Die wirtschaftliche Nutzung dieser Schutzwälder und natürlich vorkommende Katastrophen (Blitzschläge, Stürme, Lawinen) haben diese Schutzwälder nicht in allen Fällen wirksam werden lassen. Hinzu kommt etwas Neues: der Wintersport. Seit Skilaufen ein Volkssport geworden ist, ergießen sich in jedem Winter viel zu viele Menschen an so vielen Stellen gefährdeter Steilhanglagen, und es werden Skipisten überall bei den Fremdenverkehrsorten angelegt. Durch das feste Zusammenpressen des Schnees bei den vielen Winterurlaubern wird dieser Schnee schließlich eine Eisschicht, die im folgenden Frühjahr nicht mehr so schnell auftaut. Tatsächlich bleiben die Skipisten im Frühjahr in der Regel 2–6 Wochen länger unter Schnee und Eis begraben als der übrige Boden in den europäischen Alpen. Die Pflanzen in diesen Hochlagen haben sowieso nur eine kurze Zeit für ihr Wachstum, und ein Teil dieser Zeit wird ihnen nun auch noch geraubt. Sie sterben ab, der Boden erodiert, und zunehmend gibt es Geröll-Lawinen in derartigen Gebieten. In den letzten Jahren sind aus der Schweiz, aus Italien, aus Österreich und in geringerem Maße aus den kleinen deutschen Alpen Geröll-Lawinen und Überschwemmungen bekannt geworden, die Dörfer gefährdeten oder zerstörten, die

54

neue Seen aufstauten (Veltlin-Tal!) und damit die Bemühungen der Forstwirtschaft um eine Absicherung der Hänge vergeblich werden ließen. In all diesen Fällen würde ein Naturschutz, bei dem die natürliche Vegetation erhalten bliebe, eine solche Erosion vollständig verhindern oder sehr viel geringer ausfallen lassen. Es ist also unser ureigenstes Interesse, hier Naturschutz zu treiben. Es dreht sich nicht mehr um Ethik, sondern um unser nacktes Überleben. Das Verhängnis geht aber noch weiter.

Bei der Erosion gelangt ja fruchtbarer Boden von der Erdkruste, der eigentlich eine Vegetation tragen sollte, über neu geschaffene Erosionsrinnen in Bäche und in Flüsse. Fruchtbarer Boden: das bedeutet Phosphor, Stickstoff und all die Stoffe, die wir mit unseren Umweltschutzgesetzen versuchen, aus unseren Gewässern fernzuhalten. Was wir mit zunehmend verschärften Umweltschutzgesetzen (Waschmittelphosphate!) und Kläranlagen nun langsam schaffen, wird heute durch alle Zuflüsse eines Gewässers wiederum zunichte gemacht. Stellen Sie sich einmal nach einem starken Regen an irgendein Gewässer. Dies Gewässer wird braun und trüb sein. Niemanden wundert dies, und niemand regt sich darüber auf. Diese von freien Erdpartikeln herrührende braune Trübe ist unnatürlich. Ein normaler Bach in unseren Breiten müßte auch nach sehr starken plötzlichen Regengüssen klar sein, weil die Vegetation den Boden festhält. Das Wasser dürfte nicht so plötzlich in die Gewässer hineinströmen, und es müßte weitgehend frei sein von den braunen, für uns sichtbaren Tonpartikeln (die wir sehen können, wo wir die gelösten Pflanzennährstoffe nur ahnen können). Die Erosion kostet uns also den Boden, und sie eutrophiert gleichzeitig unsere Gewässer. Das geschieht bei jedem kleinen Zufluß eines Gewässers und ist daher fast nicht oder nur mit ungeheuren Kosten wieder rückgängig zu machen. Zumindest sollte entlang eines jeden Gewässers ein etwa 50 m breiter Streifen Grünland gelassen werden, welcher entweder mit feuchteliebenden Bäumen zusätzlich bestockt wird oder auf dem Rinder und Schafe grasen könnten. Ein solches Dauergrünland mit einer tiefwurzelnden Hecke kann die Folgen dieser überaus gefährlichen Entwicklung reduzieren.

Sehr große Äcker sind mit heutigen Maschinen nicht nur leichter zu bewirtschaften, sondern sie haben in heutiger Zeit einen entscheidenden Vorteil: sie bieten in unserer dicht besiedelten Landschaft Ruhe vor Menschen und insbesondere Hunden. In einem größeren Landschaftsgebiet, welches ich relativ genau seit vielen Jahren kenne, haben sich Rebhühner, Rehe und Hasen faktisch nur in dem Areal eines sehr großen Gutsbesitzes halten können, während sie aus den umliegenden Dörfern verschwunden sind. Die Bewirtschaftung ist überall hochintensiv. Der Grund des unterschiedlichen Überlebens der Tiere liegt offensichtlich darin, daß der Gutsbesitzer alle bestehenden Wege in Ackerland verwandelte und so ein einziges riesiges, nicht betretbares Feld erzielte. Hier stehen ganz regelmäßig drei Sprünge Rehe (zusammen etwa 30 Stück). Man sieht zahlreiche Hasen und man hört auch Rebhühner. Man kommt jedoch niemals dichter als 500 m an die Tiere heran. In den rundum liegenden Dörfern, wo Feldwege überall für Spaziergänger offen sind, die dort ihre Hunde spazierenführen, wurde sehr viel Wild gerissen, und die Hasenstrecke sank von 300/Jahr in den siebziger Jahren auf heute ganze 8 Individuen. Auch das Überleben von Kolkrabe und See-

adler im Gebiet der sehr großen Güter Ostholsteins
wird auf diesen Ruhefaktor beim Großgrundbesitz zurückzuführen sein. In unserer extrem dicht besiedelten
Landschaft mit unendlich vielen freilaufenden Hunden und Katzen wird man diesem Faktor wahrscheinlich ähnliche Aufmerksamkeit schenken müssen wie
den Pestiziden.

An diesem Beispiel haben wir gesehen: wer etwas
über Naturschutz sagen will, muß ein wenig über das
Funktionieren von Ökosystemen wissen.

Wir wollen versuchen, dies so kurz wie möglich
auf den nächsten Seiten abzuhandeln.

NATURSCHUTZ ZUR SICHERUNG DES FUNKTIONIERENS
DER ÖKOSYSTEME Die Blätter unserer Pflanzen enthalten den grünen Farbstoff Chlorophyll; sie nehmen aus
der Luft Kohlendioxid (CO_2) auf und formen aus ihm
unter Zuhilfenahme von Lichtenergie Zucker. Dies ist
die Basis allen Lebens auf unserer Erde. Aber natürlich
kann kein Leben allein auf Zucker, der ja nur die Elemente Kohlenstoff, Sauerstoff und Wasserstoff enthält, beruhen. Für Eiweiß brauchen wir Stickstoff und
häufig Schwefel. Für die Vererbungssubstanz DNA
(Desoxyribonukleinsäure) brauchen wir Phosphor, für
den roten Blutfarbstoff Eisen, für grünen Pflanzfarb-
stoff Magnesium. Für viele andere Lebensvorgänge
brauchen wir noch weitere Elemente. Diese Elemente
nehmen die Pflanzen mit ihren Wurzeln aus dem Mi-
neralboden auf; diese Elemente werden mit dem Zuk-
ker zusammen in der chemischen Fabrik der Pflanze
aufgearbeitet zu all den Stoffen, die dann das Leben
wirklich möglich machen. So wachsen die Pflanzen
heran, und sie würden sich totwachsen, wenn nicht
dauernd diese produzierte organische Substanz wieder

remineralisiert würde, wenn nicht die pflanzliche Substanz auf und in dem Erdboden wieder in die einzelnen Elemente zerlegt würde. Dieser Abbau erfolgt durch pflanzenfressende Tiere und durch eine Fülle weiterer Organismen – Bakterien, Pilze, Tiere – auf der Erdoberfläche. Durch ihre Abbautätigkeit entsteht unser Boden, den wir in unserem landwirtschaftlich und gärtnerisch bestimmten Leben so sehr schätzen. Dieser Boden ist in Wirklichkeit eine Mischung aus winzigsten Partikeln aus dem Gestein des Untergrundes und dem Kot von Asseln, Regenwürmern, Tausendfüßlern, Bodenmilben und vielen anderen, Bakterien und Pilzen. Dieser Boden, vielfach auch Humus genannt (Humus im streng bodenkundlichen Sinne ist eine spezielle Erscheinungsform des Bodens), ermöglicht erst wieder das Wachstum neuer Pflanzen.

Die Pflanze saugt also mit ihren Wurzeln aus der Tiefe des Bodens Mineralien an die Oberfläche, lagert sie in den Photosynthese treibenden Blättern ein und wirft sie dann (in unseren Breiten) im Herbst als Fallaub wieder auf den Boden ab. Die Pflanze wirkt also wie eine große Pumpe, die aus der Tiefe der Erde wertvolle Mineralien an die Oberfläche schafft.

Nun geht die Pflanze allerdings mit ihrem Fallaub im Herbst außerordentlich vorsichtig um. Was reichlich zur Verfügung steht, sind die aus Zucker gebildeten Stoffe, denn Licht ist ein Überschußfaktor für unsere Pflanzen. Knapp sind dagegen immer die Bodenmineralien. Sie werden daher weitgehend aus den abzuwerfenden Blättern heraustransportiert und in Speicherorganen der Pflanze für den Winter gelagert. Abgeworfen werden die Blätter, die lediglich noch aus Zellulose und Lignin bestehen – also aus Zuckerabkömmlingen. Derartige Blätter sind selbst für anspruchslose Bakterien und Pilze natürlich kein geeignetes Futter, und es erhebt sich die Frage, wie solche abgeworfenen Blätter, die faktisch mineralfrei sind, überhaupt abgebaut werden können. Hier ist die Notwendigkeit von Pflanzenfressern unübersehbar: dadurch, daß die Pflanzenfresser grüne Pflanzenteile fressen, welche reichlich aus dem Boden stammende Mineralstoffe enthalten, und dadurch, daß diese Tiere Kot (und viele von ihnen auch Urin) absetzen, und schließlich dadurch, daß diese Tiere später als Leichen von den Blättern herunterfallen in das Fallaub, enthält die Fallaubschicht plötzlich wieder die für das Leben absolut notwendigen Mineralien. Kot, Urin und Tierleichen sind also notwendig, um das Fallaub abzubauen. Ohne den Pflanzenfresser im Wald (den wir so gerne als Schädling bezeichnen) würde die Fallaubschicht nicht abgebaut werden können, würde der Wald sterben. Selbstverständlich ist dieses im ganzen ein komplizierter Vorgang, dessen Einregulierung auf vernünftige Geschwindigkeiten bei den dauernd wechselnden Wetterbedingungen unserer Landschaften außerordentlich schwierig ist. So hat die Natur eine vielfache Sicherheit, die die unserer Flugzeugbauer weit übertrifft. Es sind unendlich viele verschiedene Arten von Bakterien, Pilzen und Tieren auf der einen Seite und von Pflanzen auf der anderen nebeneinander vorhanden, die jeweils verschiedene Optima hinsichtlich der Wetterbedingungen, hinsichtlich des Bodentyps, hinsichtlich ihrer Resistenz gegenüber Feinden usw. haben. Wir sprechen hier von einer hohen Diversität der Flora und Fauna, und diese hohe Diversität kann eine Reihe von Umwelteinflüssen abpuffern und dennoch für ein ungefähres Konstanthalten der Kreislaufgeschwindigkeit zwischen Aufbau und Abbau sorgen.

Durch den Menschen geschaffene zusätzliche, für die Organismenwelt völlig neue Umweltänderungen können dieses Bild natürlich ändern. In den USA zeigte sich, daß in der Nähe einer zinkverarbeitenden Hütte ohne Abgasfilter Zinkablagerungen im Waldboden deutlich meßbar waren. Diese Ablagerungen des giftigen Metalls führten zu einer dramatischen Reduzierung der für den Abbau des Bestandesabfalls zuständigen Tiere, und der Abbau des Bestandesabfalls verlängerte sich von 3 Jahren auf etwa das Doppelte. Dies hat eine entsprechend höhere Dicke der Fallaubschicht im Wald zur Folge, und diese größere Dicke der Fallaubschicht ihrerseits verhindert natürlich, daß Samen von Waldbäumen, die auf den Boden herunterfallen, dort keimen können. Sie liegen auf einer 30–50 cm dicken Fallaubschicht, sie haben keinen Bodenkontakt und, wenn sie durch bestimmte Einflüsse einmal doch keimen sollten, dann gelangt die Keimwurzel nicht an den Boden und der Keimling muß absterben. Damit entfällt eine Verjüngung des Waldes, und der Wald wird in absehbarer Zeit sterben: nicht die großen Bäume, aber es wird keinen Nachwuchs mehr geben.

Dieser so geschilderte Einfluß einer Umweltverschmutzung ist charakteristisch für das Wirken des Menschen überhaupt: aus einer hohen Diversität von Pflanzen und Tieren im Ökosystem werden immer mehr Arten, werden immer mehr Sicherheitsschrauben herausgenommen, und es verändert sich zunächst ganz unmerklich einer der ökologischen Prozesse. In unserem Beispiel veränderte sich die Abbaugeschwindigkeit des Fallaubes. Die Reduzierung der Artenzahl in der Fallaubschicht, die Reduzierung dieser kleinen unscheinbaren Arten hatte also dramatische Effekte.

Ein wenig anders liegen die Dinge natürlich im Wasser. Hier wird die Produktion von mikroskopisch kleinen Planktonalgen im freien Wasser geleistet, die auch aus ihrer Umgebung die notwendigen Mineralien aufnehmen. Sie werden von Planktontieren gefressen. Von den kleinen algenfressenden Planktontieren leben größere Tiere des Wassers bis hinauf zu den Fischen. Wie kommt es nun, daß eine Düngung im Wasser so gefährlich ist, während wir sie auf dem Land gern sehen (solange die Düngung nicht so übertrieben wird, daß die Düngungsstoffe in den Grundwasserbereich gelangen)?

Der Grund liegt ganz einfach darin, daß eine Düngung im Wasser zu einer starken Algenvermehrung in den obersten Wasserschichten führt. Durch diese „Algenblüte" wird es schon wenige Dezimeter unter der Oberfläche sehr dunkel, so daß hier keine Algen mehr gedeihen können. Es sinken jetzt also sehr viele Algen in den dunklen Bereich, müssen hier infolge der Lichtlosigkeit sterben und verfaulen. Dieser Verrottungsprozeß verbraucht Sauerstoff. Da aber in diesem Bereich nun kein Sauerstoff mehr durch die Photosynthese der Algen produziert wird, sinkt der Sauerstoffgehalt dramatisch ab, und damit sterben auch die Tiere dieses Bereiches. Sie faulen ebenfalls und verbrauchen weiteren Sauerstoff. Eine Düngung führt also zu einer sehr deutlichen Grünfärbung des Wassers in den obersten Zentimetern des Gewässers durch eine sehr starke Algenblüte und zum Tod der Lebewelt des Gewässers unmittelbar unter dieser dünnen Oberflächenschicht. Gewässer mit sehr geringem Nährstoffgehalt haben dagegen Licht bis in die Tiefe, daher Algenwachstum und Photosynthese der Algen bis in die Tiefe, damit auch Sauerstoffproduktion bis dorthin. Folglich ist auch ein Tierleben bis in größte Tiefen möglich. Die Fischernte aus nährstoffarmen (oligotrophen) Seen ist daher größer als die Fischernte aus nährstoffreichen (eutrophen) Seen.

An Land liegen die Verhältnisse natürlich ganz anders. Sauerstoff ist nie ein Minimumfaktor, daher erreichen wir durch Düngung ein höheres Pflanzenwachstum und damit eine höhere Nahrungsproduktion für Tiere.

Daß auch auf dem Land Überdüngung möglich ist, haben wir erst in den letzten Jahrzehnten gemerkt: viele Pflanzen ertragen eine überreiche Nährstoffgabe nicht, und sie werden von Pflanzen, die solche Nährstoffmengen lieben, aus ihrem Lebensraum durch Konkurrenz vertrieben. Die Schachblume ist dafür ein Beispiel. Dementsprechend verschwinden im Gefolge dieser aussterbenden Pflanzen dann auch Tiere. Bei noch höheren Düngergaben können auch die Pflanzen, die solche Düngergaben ertragen, diesen Dünger nicht mehr aufarbeiten, und er gerät zunehmend ins Grundwasser (meist in Form von Nitrat), welches so vergiftet wird. Das ist inzwischen in Gebieten Mitteleuropas mit intensivster Landwirtschaft vielfach gegeben.

Was wir hier über das Funktionieren von Ökosystemen besprochen haben, sind zwei wichtige Faktoren: der Kreislauf der Mineralien von ihrer Aufnahme aus dem Boden bis zur Ablagerung auf der Erdoberfläche und der Fluß der Energie von der Aufnahme des Sonnenlichts und der Produktion energiereicher organischer Substanz bis zu ihrer Veratmung durch Tiere, Bakterien und Pilze. Aber das ist nicht alles, es gibt ganz wichtige Prozesse im Ökosystem, die damit nicht erfaßt werden. Wir haben bereits von den kleinen pflanzenfressenden Insekten im Wald gehört, deren Kot und Leichen so wichtig für den Abbau des Bestandesabfalles sind. Mengenmäßig spielt weder ihr Verbrauch an frischer Pflanzensubstanz noch ihr Beitrag zum Bestandesabfall eine vernünftig meßbare Rolle, aber ohne sie würde der Wald absterben. Wir sprechen hier von einer Schalterwirkung oder einer Verstärkerwirkung von Organismen im Ökosystem. Durch ganz kleine Effekte können ungeheure Wirkungen erzielt werden. Wer denkt schon, daß Schmetterlinge und Fliegen in einem System wirklich notwendig sind? Aber: im tropischen Regenwald sind mehr als 90% der Bäume auf eine Bestäubung durch Insekten angewiesen, und wenn wir hier diese Insekten ausschalten würden, würden mehr als 90% der Bäume aus dem System, aus dem tropischen Regenwald verschwinden. Das, was diese Insekten an Nektar oder an Pollen verbrauchen, ist vernachlässigbar. Es spielt im Gesamthaushalt des Waldes eine Rolle, die weit, sehr weit unter 1 Promille liegt, aber die Verstärkerwirkung dieser Tiere ist ungeheuer. Bei uns sind die meisten Waldbäume windblütig und brauchen daher für diesen Zweck keine Insekten, aber einige, wie etwa der Bergahorn brauchen ebenfalls Insekten für die Bestäubung. Ebenso sind Mäuse für die meisten Systeme notwendig. Sie schaffen eine Durchlüftung des Bodens, denn Pflanzenwurzeln brauchen Sauerstoff zu ihrer Atmung genauso wie die Tiere, die im Boden leben. Die Mäuse schaffen außerdem einen Transport von Mineralien aus schwieriger zu erreichenden Gebieten in oberflächennahe Schichten. All diese Funktionen sind vielfach gesichert, und wir wissen nicht, wievielfach. Wir können jedoch davon ausgehen, daß diese Sicherungen sehr stark sind. Wir können aber auch davon ausgehen, daß diese Sicherungen in unterschiedlichen Ökosystemen verschieden stark sind, und wir wissen, daß der Eingriff des Menschen zu einer Reduzierung dieser Sicherungen führt.

Reicht das, was wir so gesagt haben, zunächst für eine grobe Kenntnis der Ökosysteme aus? Natürlich nicht. Wir haben bisher die Frage völlig vernachlässigt, wie sich ein Ökosystem verjüngt. Dieser Frage müssen wir auch noch nachgehen, denn dieser Vorgang ist komplizierter, als man normalerweise denkt.

Erst in allerneuester Zeit scheint sich herauszustellen, daß in natürlichen Ökosystemen nicht unbedingt immer ein Gleichgewicht herrscht, sondern daß dieses Gleichgewicht erst durch offenbar zufällig auftretende Katastrophen erreicht wird; daß in einem normalen natürlichen Urwald zeitweise ein Wald vorhanden ist, der unserem Altersklassenwald im Wirtschaftswald überaus ähnlich sieht.

Am Beispiel eines Urwaldes soll dieses neu erkannte Prinzip des Funktionierens von Ökosystemen näher erläutert werden.

Alle Analysen von Urwaldgebieten zeigen, daß dieser Urwald aus Mosaiken ganz unterschiedlichen Aussehens, ganz unterschiedlicher biologischer Mannigfaltigkeit und durchaus unterschiedlicher Böden zusammengesetzt ist – und das alles bei gleichem geologischen Untergrund und gleichen Klimaverhältnissen. Wir unterscheiden innerhalb des Urwaldes eine jugendliche Wachstumsphase, eine Optimalphase (die äußerlich sehr unserem Buchenhallenwald, unserem Wirtschaftswald entspricht), eine Altersphase und evtl.

einige Zwischenphasen. Der Nestor der mitteleuropäischen Waldforschung, Hans Leibundgut, schreibt in seinem neuen Buch „Europäische Urwälder der Bergstufe" (1982), daß nur auf einem Teil der Fläche wirklicher „Klimaxwald" stockt und daß innerhalb der Urwaldkomplexe ein stetiger Wandel sowohl zu verschiedenen Entwicklungsphasen innerhalb der Schlußwaldgesellschaft, als auch zu verschiedenen Stadien von Waldsukzessionen führt. Eine Beschränkung des Urwaldbegriffs auf das klimatisch bedingte Endglied hätte somit zur Folge, daß ein Waldteil abwechselnd bald als Urwald, bald als Nicht-Urwald zu bezeichnen wäre. So ergibt sich, daß ein solcher Urwald einem zyklischen Wandel unterliegt, wobei die einzelnen Phasenteile mosaikartig über das Gesamtsystem verstreut sind.

Die „Mosaik-Zyklus-Theorie" des Urwaldes wurde schon 1936 von Aubreville aus dem damals französischen tropischen Urwald Westafrikas beschrieben und immer wieder vergessen; heute wissen wir, daß dies Bild der Verjüngung eines Urwaldes wohl generell gilt. Dabei wird sehr häufig die normalerweise als „Schlußwaldgesellschaft" bezeichnete Artenkombination des Urwaldes durch eine andere Artenkombination abgelöst, und diese zweite Artenkombination kann durch eine dritte abgelöst werden, ehe dann wieder die sogenannte Schlußwald- oder Klimaxformation heranwächst. Das früher und vielfach auch heute noch als klimatische Schlußwald-Klimax angesehene „Endglied" erweist sich somit nur als Teil eines Zyklus und die Ausdrücke „Schlußwald" und „Endglied" sind falsch. Belege für diese These gibt es heute aus den Urwäldern Feuerlands und Neuseelands, aus den Urwäldern Mittel- und Südamerikas, aus den Urwäldern

Afrikas und aus den Urwäldern Nordamerikas und Europas.

Die Dauer der Zyklen ist dabei natürlich vom Standort abhängig – in den Tropen dürften die Zyklen rascher laufen als in kalten Gebieten. Ebenso ist die Größe der Mosaiksteine sehr standortabhängig – in den Taigawäldern Kanadas können die Mosaiksteine weit über 100 qkm umfassen, während die im tropischen Regenwald Südostasiens, Afrikas und Südamerikas unter 1 ha liegen können.

Auch der in Mitteleuropa herrschende Buchenwald ist nur ein solcher zeitlicher Abschnitt aus einem solchen Zyklus. Ein Buchenurwald besteht in der sogenannten Optimalphase aus einem Hallenwald, der unserem Buchen-Wirtschaftswald bis in Einzelheiten gleicht. In der Optimalphase hat dieser Buchenurwald fast keine Vegetation am Boden; in der Altersphase kommen Stauden am Boden auf, der Wald wird sehr offen; dann folgen Birken; auf die Birken folgt eine Mischwaldphase mit Esche, Wildkirsche und Ahorn, und erst dann kommt wieder eine Buchendickung auf, die langsam zum Hallenwald aufwächst.

Die treibende Kraft hinter diesem Zyklus ist allgemein im Lebensalter der Pflanzen zu suchen: die Buchen, die ja mit ihrem Wachstum ziemlich gleichzeitig nach Abschluß der Mischwaldphase beginnen, sterben auch ziemlich gleichzeitig ab – je nach Standort nach 250–350 Jahren. Die Staudenphase ist selbstverständlich kurzlebiger, und auch Birken sind relativ kurzlebig – sie erreichen kaum je ein Alter von über 100 Jahren. Ähnliches gilt auch für die Bäume der Mischwaldphase, die kaum ein Alter von 200 Jahren erreichen. Beschleunigt werden kann dieser Zyklus durch pathogene Pilze, durch im Stamm bohrende oder am Laub fressende Insekten oder durch den Biber, der durch seine Dammbautätigkeit ein Gebiet überschwemmt und die Bäume dort auf diese Weise abtötet. Der Biber muß dieses Gebiet wieder räumen; nachdem der Bibersee verlandet und zur Wiese wird, die dann einem Weichholzwald Platz macht. Unter Umständen wird dieser Weichholzwald über Zwischenstufen dann wieder von der bisher „Schlußwaldgesellschaft" genannten Formation eingenommen.

Zusammenfassend:

1. In den einzelnen Mosaiksteinen können wir kein Gleichgewicht haben, sondern wir haben stets und grundsätzlich eine Sukzession vor uns, eine einseitig gerichtete Bewegung der ökologischen Prozesse, die durch katastrophenähnliche Zusammenbrüche voneinander getrennt sind.

2. Das nahezu gleichzeitige Absterben gleichaltriger Bäume eines Mosaiksteins wirkt katastrophenartig. Ökosysteme sind auf die Regulation solcher Katastrophen eher eingerichtet als auf das Halten konstanter Bedingungen. Bei dieser Katastrophenregulation ist es selbstverständlich, daß eine fehlende Selbstverjüngung eines Waldes nicht unbedingt ein Alarmsignal zu sein braucht.

3. Die Mannigfaltigkeit der Arten eines Areals schwankt zyklisch mit den verschiedenen Phasen eines Gebietes. Unser Buchenhallenwald auf Sand oder Sandstein beispielsweise enthält faktisch nur eine Pflanzenart (die Buche) und nur ganz wenige Tierarten, während die Mannigfaltigkeit in der anschließenden Mischwaldphase sehr groß ist.

4. Das Nichtbeachten dieser in Zyklen abwechselnden, wichtigsten Pflanzenarten im System ist

möglicherweise ein entscheidender Faktor für die heutigen Probleme des mitteleuropäischen Waldes. Das Wurzelwerk eines Waldes ist ja ein Kontinuum, und Stoffe können von Wurzel zu Wurzel verschiedener Baumindividuen über große Entfernungen weitergegeben werden. Bei der modernen Forstwirtschaft wird ein Baum in der „Optimalphase", also im Augenblick seiner höchsten Vitalität, gefällt. Es gibt jedoch nicht eine einzige Arbeit darüber, wie lange die Wurzeln dieser Bäume unter diesen Bedingungen lebensfähig bleiben und einen Stofftransport und Stoffproduktion über weite Entfernungen durchführen. In diese unter Umständen noch lebende Wurzelmasse und die von ihr produzierten Stoffe werden nun nach jedem Schlag neue Bäume der gleichen Art eingesetzt. Nach allen landwirtschaftlichen Erfahrungen wird dies auf den meisten Böden zu Problemen der Pflanzen führen. Tatsächlich zeigt sich, daß in echten Urwaldgebieten, wo die Zyklen noch normal laufen, keine Waldprobleme auftreten, selbst wenn in den forstlich bewirtschafteten Nachbararealen schwere Waldschäden erkennbar sind. Auch manche Formen des „ökologischen Waldbaus", die ebenfalls auf eine Zykluswirtschaft hinauslaufen, zeigen keine Waldschäden.

5. Bei der Mosaik-Zyklus-Hypothese ist ein langfristiges Gleichgewicht zwischen Räubern und Beute nicht notwendig. Alle Versuche, im Labor ein solches Gleichgewicht existieren zu lassen, sind trotz höchster technischer Perfektion nicht langfristig gelungen. So gibt es seit langem große Zweifel am Funktionieren eines Räuber-Beute-Gleichgewichts unter den stochastischen Bedingungen des Freilands. Da die Mosaik-Zyklus-Theorie sowieso Katastrophen in den einzelnen Mosaiksteinen und eine anschließende Ausbrei-

tungsphase der Organismen (mit hohen Verlusten) fordert, ist ein langfristiges Gleichgewicht wiederum nicht notwendig.

6. Die Mosaik-Zyklus-Hypothese hat große Bedeutung für die Anlage von Schutzgebieten und Nationalparks. Wirkliche Schutzgebiete können nur dann sinnvoll sein, wenn in ihnen die ökologischen Prozesse wieder normal ablaufen, wenn also die Mosaiksteine groß und zahlreich genug sind und die Zyklen in ihnen normal laufen können.

In Mitteleuropa ist kein entsprechendes Schutzgebiet im Mittelgebirge oder gar im Tiefland vorhanden. Die bayerischen Nationalparks liegen in großer Höhe. Ganz dringend ist daher die Errichtung eines Nationalparks im Tiefland und im niedrigen Mittelgebirge von mindestens 60–100 qkm Größe zu fordern und eines Institutes, welches sich mit den ökologischen Vorgängen in einem solchen Nationalpark ohne forstliche Nutzung und ohne jagdliche Nutzung befaßt.

Alles deutet darauf hin, daß die Mosaik-Zyklus-Hypothese auch außerhalb von Waldgebieten gilt. Für Steppengebiete in der inneren Mongolei ist sie durch polnische Untersuchungen gut belegt, aber das gleiche gilt auch für Steppengebiete Nordamerikas und Afrikas. Welche Bedeutung dies für die Steppe hat, ist jedoch völlig unklar. Jedoch selbst für aquatische Lebensräume wie für Korallenriffe oder unser Wattenmeer ist die Mosaik-Zyklus-Hypothese gut belegt: die Sandklaffmuscheln oder die Pierwürmer unseres Wattenmeeres gehören über weite Flächen stets einer einzigen Altersklasse an, und erst nach ihrem Absterben kann eine neue Besiedlung – vielfach durch eine andere Art – erfolgen.

Gleichgewicht im Ökosystem ist also nur über sehr große Flächen gegeben, nicht im einzelnen Mosaikstein, den die Forschung wohl immer zur Untersuchung heranziehen muß. Das Gleichgewicht im Großareal entsteht durch sich aufhebende Zyklen und Katastrophen im Mosaikstein. Hier liegt ein ungeheures Arbeitsfeld für die zukünftige Ökologie – ein besonders wichtiges Arbeitsfeld, da es höchste Zeit wird, daß wir über die dünne Haut, die unser Boden ist, von der wir alle leben, mehr und Präziseres wissen. Die Erfahrungen landwirtschaftlicher und forstwirtschaftlicher Institute genügen hier nicht, ebenso wie uns die Erfahrung fischereibiologischer Institute bei der Kenntnis der Ökosysteme des Meeres nicht helfen. Ebenso wie es allgemeine Institute der Meeresforschung sind, die uns hier weiterbringen, brauchen wir für die terrestrischen Ökosysteme über lange Zeiträume arbeitende Institute mit großen Versuchsarealen, die langfristig ihnen allein und dem Schutz dieser Systeme zur Verfügung stehen. Das Fällen von Bäumen während ihrer höchsten Vitalität (wenn sie „schlagreif" geworden sind) bei Belassen der vollvitalen Wurzeln ihrer Ausscheidungen im Boden und einer Neuaufforstung in diesem Gebiet mit den gleichen Arten wie zuvor ist möglicherweise für den Wald tödlich. Die noch nicht einmal einen qkm in der Bundesrepublik ausmachenden wirklichen Urwaldreste, die ja keinerlei Waldschäden zeigen, sprechen für diese gedankliche Richtung.

Neuerdings hat Uhl im amazonischen Regenwald den Boden in verschiedenen Phasen des Urwaldes untersucht und zeigen können, daß nach dem Absterben der großen Urwaldriesen der Boden erschöpft ist, so daß normalerweise nicht unmittelbar hier neue Urwaldriesen gedeihen können. Dies ist erst möglich, nachdem andere Baumarten – Pionierbaumarten – hier gewachsen sind.

Unsere Vorstellungen über das Gleichgewicht in der Natur müssen also einer Vorstellung von einander gegenseitig aufhebenden Katastrophen in Mosaikteilen eines sehr großen Systems weichen. Wir sind einer falschen Gleichgewichts- und Harmonievorstellung aufgesessen, weil uns die Vorgänge im terrestrischen Bereich so selbstverständlich erschienen, daß wir sie nicht einer ähnlich genauen Forschung für wert hielten, wie sie im Süßwasser und im marinen Bereich selbstverständlich erschien und wie wir sie im aquatischen Bereich mit sehr großen Mitteln seit sehr langer Zeit fördern. Es wird höchste Zeit, daß wir dies Versäumnis in ungestörten terrestrischen Systemen versuchen aufzuholen – denn von diesen leben wir.

Möglicherweise aber sind viele der hier vorgeführten Argumentationen falsch. Sie alle berücksichtigen einen Effekt des Räubers nicht, der eine wichtige Rolle zu spielen scheint: die vom Räuber ausgehende Beunruhigung. Wir wissen inzwischen, daß Schlupfwespen durch das Schwirren ihrer Flügel Raupen ihrer Wirtstiere beunruhigen, so daß sie sich vielfach zusammenrollen und von der Futterpflanze herunterfallen. Sind solche Beunruhigungen häufig genug, muß dies zu einer deutlichen Schädigung der Raupe führen, obwohl kein einziges Individuum parasitiert worden ist. Derartige Beispiele kennen wir inzwischen aus der Insektenwelt in großer Zahl und diese Beispiele gelten natürlich auch für den Bereich der Wirbeltiere. Raubfische wie der Hecht führen zu einem Verstecken der „Friedfische" und zu einer sehr engen Schwarmbil-

dung dieser Friedfische. Unter diesen Bedingungen
bekommen die Friedfische möglicherweise nicht genügend Nahrung, um in ausreichender Zeit erwachsen
und geschlechtsreif zu werden. Quantifizieren läßt sich
so etwas außerordentlich schwer, und so liegen faktisch keinerlei Quantifizierungen vor. Doch es ist sofort einsichtig, daß streunende Hunde, selbst wenn sie
einen Maulkorb aufhaben und dadurch keinem Tier
etwas tun können, Unruhe in die Landschaft hineintragen und Hasen wie Rehe in dauernder Angst halten. Reichholf konnte zeigen, daß Angler, die an einem Gewässer regelmäßig ruhig sitzen, den Bestand
von Wasservögeln dramatisch herabsetzen können.
Von Luchsen ist bekannt, daß sie vergleichsweise wenig Beute machen, daß aber in ihrer Anwesenheit die
mögliche Beute (Rehe, Hirsche) zunehmend aus Optimalgebieten herauszieht und dadurch im Winter viel
höhere Verluste erleidet, als wenn der Luchs nicht
vorhanden ist. Rehe und Hirsche müssen in Anwesenheit des Luchses in Tiefschneegebiete abwandern, wo
sie kaum Nahrung bekommen und wo sie sich bei
Abwesenheit von Luchsen niemals aufhalten.

Über diesen Faktor kann man im Augenblick eigentlich nur spekulieren. Man muß jedoch davon ausgehen, daß er eine wesentlich größere Rolle spielt, als
aus Nahrungsanalysen der Räuber hervorgeht.

Wenn Sie Ihre ökologischen Kenntnisse vertiefen
wollen, dann fragen Sie in ihrer Buchhandlung nach:

Remmert

Ökologie

4. Auflage

Springer-Lehrbuch

DIE NOTWENDIGKEIT DER ERHALTUNG VON SCHALTER- UND VERSTÄRKERFUNKTIONEN Wir müssen noch einige weitere Schalter- und Verstärkerfunktionen im Ökosystem besprechen. In einem großräumigen Ökosystem fressen die Tiere zwischen 1 und 10% der von den Pflanzen gebildeten Substanz, der sogenannten Primärproduktion. Dieser niedrige Wert scheint vernachlässigbar. Aber:

Rehe haben eine sehr wenig effektive Verdauung und können daher Gras faktisch nicht aufschließen. Sie benötigen für ihre Ernährung Knospen und ganz frische Blätter von Stauden, Büschen und Bäumen. Zwar ist ihr Nahrungsbedarf im Winter stark reduziert. Aber auch im Winter müssen sie nun einmal solche Knospen fressen. Es ist klar, daß durch das Abbeißen der Knospen ein sehr geringer Rehbestand in einem Wirtschaftswald einen ungeheuren Schaden verursachen kann – obwohl dieser Rehbestand weniger als ein Promille der gewachsenen Primärproduktion verbraucht. So kommt es zu der heutigen, sehr intensiven Kontroverse zwischen Forstleuten und Jägern und zu der Annahme, Rehe zerstörten unseren Wald. Tatsächlich: in einem reinen Wirtschaftswald sind Rehe unerträglich, in einem Urwald, wie wir ihn gerade geschildert haben mit dem Mosaik-Zyklus-System, sind sie eher förderlich, da sie die niedrigen Zwischenstufen beschleunigen und sehr ungleichmäßig über den Wald verteilt sind. Es ist daher auch Unfug, von der für den Wald tolerierbaren Dichte von Rehen zu sprechen: in den Zwischenphasen mit viel Stauden, krautigen Gewächsen und Büschen kann der Bestand nahezu beliebig hoch sein. In den Phasen mit Hochwald – etwa in einem Fichten- und Kiefernhochwald, in einem Buchenhochwald – findet kein Reh etwas zu fressen und muß verhungern. Die mögliche Bestandesdichte schwankt also je nach Phasenzyklus zwischen sehr hohen und sehr niedrigen Werten, die bis auf Null heruntergehen können. Ähnlich liegen die Dinge beim Rothirsch, der allerdings auch schwerer aufschließbare Pflanzennahrung akzeptieren kann und als Schädling im Wirtschaftswald vor allen Dingen dadurch wirkt, daß er seine Einstände tagsüber nicht verlassen kann (wegen zu vieler Menschen, die im Wald und in seinen Randgebieten wandern) und daher — wohl aus echter Langeweile — beginnt, relativ große Bäume zu schälen, sie ihrer Rinde zu berauben.

Wie wir bereits diskutiert haben, spricht die Ökologie in solchen Fällen, wo durch eine sehr geringe Entnahme eine sehr große Wirkung im Ökosystem erzielt wird, von „Schaltern" und „Verstärkern" im System. Es scheint, daß fast alle Tiere und wahrscheinlich auch die Pilze solche Schalter und Verstärker sind. Beispielsweise haben wohl alle Waldbäume selbst kaum die Möglichkeit, mit ihren Wurzeln Nährstoffe aus dem Boden aufzunehmen. Dies geschieht über die Vermittlung von Pilzen, die die Wurzeln innig umspinnen und z.T. in die Wurzeln hineinwachsen — die sogenannte Mykorrhiza. Diese Mykorrhiza ist so unscheinbar, daß kaum jemand sie wirklich gesehen hat, aber ohne sie geht der Wald zugrunde.

Ein anderes Beispiel ist die Blütenbestäubung durch Insekten. Was die Insekten jeder Blüte an Nektar entnehmen, fällt quantitativ überhaupt nicht ins Gewicht, aber ohne sie ist eine blütenreiche Wiese zum Tode verurteilt.

Blattläuse entziehen ihren Wirtspflanzen große Mengen zuckerhaltiger Flüssigkeit. Da diese Pflanzensauger auch Stickstoff benötigen, scheiden sie bekanntlich den Honigtau, eine zuckerhaltige Flüssigkeit, wieder aus: sie müssen viel mehr Zucker aufnehmen als sie verwerten können, um genügend Stickstoff, der im Pflanzensaft nur wenig vorhanden ist, zu bekommen. Werden die Pflanzen erheblich geschädigt? Experimente ergaben, daß Bakterien, die Luftstickstoff fixieren, durch wäßrige Zuckerlösung zu Höchstleistungen gebracht werden können. Nach Aufbringen wäßriger Zuckerlösung steigt die Fixierung von atmosphärischem Stickstoff stark an. Möglicherweise hat sich durch eine zusammengehörige Evolution (sog. Coevolution) folgendes System gebildet: die Pflanzen geben von den im Überschuß vorhandenen Kohlehydraten welche an die Pflanzensauger ab, die diese Kohlehydrate überwiegend auf den Boden aufbringen und damit Bakterien zur Beschaffung eines Minimumfaktors für die Pflanze aktivieren. Die Pflanze gibt also ein Überschußprodukt ab, um damit einen Minimumstoff in genügender Menge zu bekommen. Wir hätten damit nicht eine Pflanze und einen Schädling vor uns, sondern ein System, welches als System optimiert ist.

Der Fischreichtum in den Everglades von Florida ist weitgehend auf die Existenz von Alligatoren zurückzuführen: Alligatoren überdauern die Trockenzeit, in durch Baumwurzeln entstandenen Höhlen im Gestein, die die Alligatoren selbst stark vergrößert haben. Solche Alligatorlöcher ermöglichen auch Fischen das Überdauern der Trockenzeit, bis die Everglades wieder im Ganzen flach überschwemmt sind und die Fische weit ausschwärmen können. Eine ähnliche, aber noch wichtigere Beziehung hat Fittkau aus den extrem armen Gewässern Amazoniens beschrieben. Dort sanken die Fischerträge dramatisch ab. Fittkau konnte wahrscheinlich machen, daß dies am Abschuß der Alligatoren und Krokodile (die beide Fisch fressen) liegt. In der Trockenzeit sinkt der Wasserspiegel des Amazonas dramatisch ab (bei Manaos um etwa 10 m). Dann sammeln sich alle Fische und auch die Krokodile und Alligatoren in den flachen Seen, die im Mündungsgebiet von Seitenflüssen rechts und links des Amazonas übrig bleiben. Krokodile und Alligatoren verfallen jetzt in einen Sommerschlaf, verbrauchen aber natürlich nach wie vor Energie und geben Stoffwechselendprodukte, die Stickstoff und Phosphat enthalten, ins Wasser ab. Dadurch werden diese flachen Restseen gedüngt, und es entsteht eine reiche Flora und Fauna, die ausgezeichnete Lebensbedingungen für Fischbrut ergibt. Die Fischbrut wächst jetzt hervorragend heran und verläßt mit der neuen Regenzeit die flachen Seen in den Amazonas hinein. Ohne die Krokodile und Alligatoren unterbleibt diese Düngung der Nebenseen; sie bleiben arm, Jungfische wachsen kaum heran und damit wird der Fischbestand deutlich geringer.

Es liegt auf der Hand, daß solche Schalter- und Verstärkerfunktionen relativ schwierig nachzuweisen und vor allen Dingen kaum quantifizierbar sind. Die Bedeutung solcher Schalter und Verstärker in den Systemen kann aber nicht hoch genug eingeschätzt werden. Völlig unwesentlich erachtete Organismen können hier plötzlich und unerwartet eine sehr große Bedeutung für die Erhaltung bestimmter Systeme haben, und wenn wir diese Systeme – etwa wegen der Erosion, die der Mensch in umliegenden Systemen durch seine Landwirtschaft verursacht – erhalten wollen, dann müssen wir sie so erhalten, daß auch all die Schalter und Verstärker erhalten bleiben. Wir müssen sie so erhalten, daß sie groß genug für die internen Zyklen und Mosaikverhältnisse sind, oder wir müssen große Mittel für Pflegemaßnahmen aufwenden – mit all den Gefahren, die das birgt.

Wir haben eben gesehen, daß unscheinbare, harmlos erscheinende Organismen plötzlich als Schalter und Verstärker eine enorm große Bedeutung für die Existenz von Ökosystemen haben können. Daß es daher notwendig ist, all die kleinen Organismen zu erhalten, die als Schalter und Verstärker in Betracht kommen.

NATURSCHUTZ ZUR ERNÄHRUNG DES MENSCHEN Naturschutz und Ernährung des Menschen können Hand in Hand gehen. So gelten zum Beispiel in Mittel- und Südamerika der geflügelartig schmeckende Leguan und seine Eier als Delikatesse. Mit der Zunahme der Bevölkerung ist das Tier fast überall vollkommen ausgerottet worden. Im Auftrag des „World Wildlife Fond" untersuchte Dagmar Werner eine restliche, kleine Population, entwickelte eine Zuchtmethode, übertrug diese Zuchtmethode ins Freiland und verstand es, den Kleinbauern diese Methode nahezubringen. Zwischen den Feldern wurden wieder Hecken gepflanzt, auf diesen Hecken leben nun wieder blattfressende Leguane und legen an vorbereiteten Stellen an diesen Hecken ihre Eier ab. Man kann ganz bestimmte Mengen von Leguanen und Eiern entnehmen, ohne daß die Population Schaden leidet. Inzwischen breitet sich diese Methode aus: der Naturschutz hat ein Ziel erreicht, und die sehr arme Landbevölkerung hat zusätzliche Eiweißkost.

Das gleiche gilt im großen und ganzen für die Steppen Afrikas. Die dort eingeführten Rinder zerstören die Steppen, liefern allerdings zu Beginn der Beweidung hohe Erträge. Läßt man die Wildtiere in diesen Steppen und Savannen, so nutzen Giraffen die höheren Bäume, Kudus und schwarzes Nashorn die Buschschicht, Zebras, Gnus und andere Antilopen die Grasschicht. Die Savanne bleibt erhalten, und die Tiere können genutzt werden. Selbst mittelfristig sind die Eiweißerträge höher als bei Rinderhaltung. Man hat allerdings den Nachteil, nicht so große Mengen gleichartiger Fleischstücke zu ernten, wie das bei den großen Rinderfarmen Argentiniens oder Nordamerikas der Fall ist. Diese Methode der Fleischproduktion ist aber auch aufwendiger und nicht so leicht zu mechanisieren. Hinzu kommt etwas anderes: die schwarze Bevölkerung argumentiert vielfach, daß der weiße Mann Rindfleisch esse. Nur der Wilde nehme das erjagte Wildfleisch. Es ist ein Statussymbol geworden, Rindfleisch zu essen. Die Situation ist etwa vergleichbar mit der Einführung der Kartoffel in Mitteleuropa, die dort auch erst angenommen wurde, als die herrschende Schicht Kartoffeln auf ihren Speiseplan setzte.

Bei den funktionierenden Musterfarmen kommt eine andere Einnahmequelle hinzu: Gegen hohe Lizenzgebühren schießen Jäger aus Amerika, Europa und Japan die Wildtiere, sie behalten die Trophäen, die „game farms" behalten Fell und Fleisch. Infolge der hohen Lizenzgebühren steigen die Einnahmen noch einmal beträchtlich an. Auch hier kommen Naturschutz und Ernährung der einheimischen Bevölkerung zugute, wenn auch noch viel Erziehungsarbeit zu leisten ist und sich vielfach auch die Regierungen aus Statusgründen gegen game farming wehren.

Es gibt noch weitere Gründe für das egoistische Stre-
ben des Menschen, diese Organismen zu erhalten.
Vieles, was uns im Alltag selbstverständlich geworden
ist, müßte ohne sie wegfallen. Trinken Sie z.B. morgens ihren Tee oder Kaffee, ziehen ihre Schuhe mit
der weichen Gummisohle an, setzen sich ins Auto und
fahren zur Arbeit: alltägliche Vorgänge. Niemand
denkt daran, daß dies alles nur möglich ist durch die
Existenz besonders interessanter Stoffe in Organismen. Ob wir Tee oder Kaffee trinken, ob wir Tabak
rauchen oder Schokolade essen, ob wir eine Pille nehmen oder den Automatikwählhebel im Auto bedie-
nen. Überall sind Pflanzenwirkstoffe mit im Spiel,
ohne die das alles gar nicht hätte in Gang gebracht
werden können. Die Gummisohlen von Schuhen, das
Gerben von Leder sind oder waren undenkbar ohne
diese „sekundären Pflanzenstoffe" – so genannt, weil
sie im normalen Stoffwechsel eines Organismus gar
nicht notwendig sind (diese Stoffe haben sich in der
Evolution der Pflanzen als Abwehrstoffe gegen Tier-
fraß entwickelt: wir können ja auch nicht zuviel von
diesen Stoffen zu uns nehmen). Immer weiter und
immer mehr sind unsere Chemiker auf der Suche
nach neuen interessanten Stoffklassen unter diesen sekundären Pflanzenstoffen, die wir für unser modernes
Leben brauchen könnten. Der neueste Fall ist offenbar
der Befund, daß nur in Gürteltieren die Erreger der
Lepra zu halten sind, jener schaurigen weltweiten Seu-
che, der noch immer Zehntausende Menschen jährlich
zum Opfer fallen. Nur durch diese Beobachtung erscheint es möglich, in Zukunft einen Impfstoff gegen
die Lepra zu entwickeln. Die Gürteltiere, jene putzi-
gen, aber außerordentlich gehaßten Tiere Südamerikas,
die dort Viehweiden und Grassteppen unterwühlen, so

daß gelegentlich ein Pferd oder ein Rind in so einen Gang hineintritt und sich ein Bein bricht, sind plötzlich medizinisch interessant geworden.

So plötzlich können auch andere Organismen für den Menschen interessant sein. Es zeigt sich, daß man das größte Nagetier der Welt, das etwa schafsgroße Wasserschwein oder Capybara Südamerikas, für menschliche Ernährung nutzen und leicht zum Haustier machen kann. Die Capybaras könnten damit einen erheblichen Teil des Hungers der Landbevölkerung in vielen Landstrichen Südamerikas stillen, und der Vernichtung der natürlichen Landschaft mit all ihren negativen Folgen könnte Einhalt geboten werden.

Zusammenfassend: laufend werden auf unserer Welt Organismen neu für uns in den Dienst gestellt. Ob es sich um Pflanzen handelt, die die Grundstoffe für Pillen liefern, ob um Tiere, in denen Krankheitserreger so gezüchtet werden, daß wir an Impfstoffe denken können, ob es sich um mögliche zusätzliche Haustiere handelt (wir versuchen derzeit, mit sieben uralten europäisch-asiatischen Haustierarten in allen Klimazonen dieser Welt und allen Lebensräumen dieser Welt auszukommen!), die in verschiedenen Klimazonen und verschiedenen Teilen der Erde günstiger sind als unsere normalen Haustiere: die freie und reiche Natur zeigt uns immer neue Möglichkeiten. Ist so ein Organismus – eine solche Pflanze, ein solches Tier – aber erst einmal ausgestorben, dann gilt: ausgestorben ist für immer. Dann ist, wie der Fachmann sagt, „diese genetische Ressource" nicht mehr vorhanden.

Was für Tiere gilt, gilt auch für Bakterien. Die Mikrobiologen sind inzwischen dabei, aus heißen Quellen und aus tiefen Sümpfen besondere Bakterien zu isolieren, die bei uns in Abwässer-Kläranlagen hervorragende Dienste tun könnten.

Wir verschließen uns unser Überleben von morgen, wenn wir heute die freie ungebändigte Natur um uns zerstören. Schon aus dem Egoismus des Menschen, der überleben möchte, sollte man natürliche Systeme in nicht geringer Zahl und großer Verschiedenheit erhalten.

ORGANISMEN ALS BIOINDIKATOREN FÜR UNSERE UMWELT Und noch etwas kommt hinzu. Unsere Technik hat hervorragende Meßgeräte entwickelt, mit denen wir im Atom- und Molekülbereich heute jegliche Verschmutzung unseres Globus in der Luft oder im Wasser genau bestimmen können. Überall werden bei uns Meßstationen errichtet, die Veränderungen in unserer Lebenssphäre genau registrieren. Dies ist bei der Gefahr infolge unserer sehr hohen Populationsdichte und infolge unserer Industrialisierung notwendig und gut. Aber alles das hat einen entscheidenden Nachteil: die Meßgeräte reagieren grundsätzlich nur auf das, für das sie gebaut sind. Wenn durch irgendwelche chemischen Reaktionen in einer Fertigungsanlage oder auch im häuslichen Abwasser ein neuer Stoff entsteht, merken wir das trotz der feinen Meßgeräte nicht.

Tatsächlich ist dies ja die größte Gefahr für uns. Der alte Satz *Gefahr erkannt – Gefahr gebannt* gilt auch hier. Das Erkennen einer Gefahr aber ist der eigentlich schwierige Punkt bei der Überwachung unserer Umwelt. Und hier helfen uns unsere Mitgeschöpfe. Wir sprechen in diesem Fall von Bioindikatoren. Wenn plötzlich aus unerfindlichen Gründen eine Pflanze, ein Tier kränkelt, stirbt, verschwindet, dann muß nach den Ursachen gesucht werden. Als die Seeadler der

Ostsee verschwanden und ausgerechnet die eigentlich durch den Menschen besonders gefährdeten an Binnenseen in Schweden und Finnland überlebten, setzte die große Suche ein, und man fand, daß die Ostsee und die Ostseefische durch Quecksilber aus Zellulosefabriken und aus landwirtschaftlichem Saatgut (Beizmitteln) vergiftet waren. Als man trotz aller Sicherheitsvorkehrungen an den Tankern, die lebensnotwendiges Rohöl zu uns brachten, noch immer verölte Meeresvögel bei uns fand und das Öl einer genauen chemischen Analyse unterzog, wurde klar, daß Öl an den Bohrungsstellen in der Nordsee in das freie Wasser austreten mußte – was bis dahin immer als unmöglich angesehen wurde. Als die Populationen der Meeresvögel im Gebiet vor der holländischen Küste und dann in Deutschland und England schlagartig zusammenbrachen, wurde klar, daß irgendwo im Einstromgebiet eines Flusses in den Niederlanden eine Giftwelle vorhanden sein mußte und daß irgendwo im europäischen Binnenland im Einzugsgebiet dieses Flusses ein Giftunfall geschehen war – ein Giftunfall mit einem bis dahin nicht registrierten Gift, welches sich nur langsam zersetzte. Erst jetzt steigen die Seevogelbestände der deutschen Vogelinseln wieder auf den alten Wert.

Als die Flechten von unseren Häusern und Bäumen in unseren Städten verschwanden, wurde klar, daß irgend etwas in der Luft sich verändert hatte, was unsere Registriergeräte nicht zeigten. Wir wissen heute, das war der damals nicht beachtete saure Regen, war der Schwefel in der Abluft unserer Schornsteine, wobei die häusliche Heizung ebenso gefährlich war wie die Abgase aus der Industrie. Gefahr erkannt – Gefahr gebannt: heute haben wir diese Schwefelemissionen weitgehend unter Kontrolle und die Flechten kehren zurück.

Aber diese Beispiele zeigen: ohne Organismen als Bioindikatoren für Veränderungen unserer Umwelt werden wir auch in Zukunft, werden wir auch bei höchster technischer Perfektion unserer Meßinstrumente nicht auskommen.

Man hat lange und oft versucht, hier zu standardisierten Proben zu kommen. Im Freiland wurden bestimmte Pflanzen und Tiere ausgesetzt und regelmäßig auf ihren Gesundheitszustand kontrolliert. Diese Methode hat sich nicht bewährt. Mal sind es die Seeadler, die uns das Nahen einer Katastrophe zeigen, mal die Lummen, mal sind es die Flechten. Wir können nicht vorhersagen, welches Tier oder welche Pflanze auf den nächsten Schadstoff reagieren wird. Wir brauchen die große Mannigfaltigkeit unserer Organismen, und wir brauchen Menschen, die diese Organismen auch kennen und beurteilen können. Nur so erhalten wir für uns Menschen die wahrscheinlich wichtigste Informationsquelle über den Zustand unserer Umwelt.

WER SCHÜTZT WER FORSCHT

Naturschutz ist zunächst Laiensache. Die Wissenschaft — zu kühler Ratio verpflichtet — hat sich nie in dem emotionsgeladenen Kampf um Naturschutz engagiert. Die großen deutschen Naturschutzverbände — der deutsche Alpenverein, der deutsche Bund für Vogelschutz, der Verein Jordsand und der Mellumrat, um nur einige zu nennen — waren Vereinigungen von Laien, die für ihre Heimat, für die Erhaltung ihrer Heimat mit ihrer heimischen Natur kämpften und kämpfen. Zu diesem

Kampf gehört der Wille zum politischen Kampf, zum emotionsgeladenen Kampf, zu diesem Kampf gehört der *Mut zur Emotion*, wie es Horst Stern in seiner berühmten Berchtesgadener Rede formulierte.

Es ist auch sehr wenig bekannt, daß einer der größten afrikanischen Nationalparks, die Etoscha-Pfanne in Südwestafrika/Namibia ihre Existenz einem Laien verdankt: dem Oberleutnant Fischer von der damaligen deutschen Schutztruppe, der diese einmalige Situation erkannte, und die Unterschutzstellung begann – lange bevor in Deutschland selbst der Gedanke an einen Nationalpark wach wurde. So entstand ein der berühmten Serengeti ebenbürtiges Schutzgebiet in Südwestafrika, welches bis heute wegen vergleichsweise sehr gutem Schutz seine geradezu unglaubliche Stellung erhalten konnte.

Aber hier kommt etwas Zweites hinzu: Was ist schützenswert? Was kann man überhaupt schützen? Wie muß dieser Schutz beschaffen sein?

Es ist klar, daß hier die kühle Ratio des Wissenschaftlers auftreten muß, die kühle Ratio, die die möglichen Wege in mühsamer Kleinarbeit erforscht und dann die Wege weist. Ohne diese wissenschaftliche Analyse hat der Naturschutz immer Schiffbruch erlitten. Jeder kennt das Phänomen, wie aus Naturschutzgebieten Müllplätze, Sportplätze, Bauplätze, Campingplätze wurden, wie das große Naturschutzgebiet Lüneburger Heide zum Folklorefestival degenerierte. Vielfach hat es selbst der Naturschutz nicht bemerkt, wie ein Schutzgebiet nach dem anderen verschwand. Nur wenn von vornherein auch kühle wissenschaftliche Ratio den Weg wies, hat der Naturschutz Bestand gehabt.

WER SCHÜTZT — EINE POLITISCHE ENTSCHEIDUNG Wie
sehr Naturschutz eine Frage des politischen Kampfes
ist, zeigt uns die Geschichte der Nationalparks: ohne
die großen amerikanischen Präsidenten, die rechtzeitig
erkannt haben, daß die Natur nur geschützt werden
kann, wenn ein bundesweites Schutzsystem, ein natio-
nales Schutzsystem aufgebaut wird, gäbe es keinen
Nationalpark (genau daher der Name). Ohne die ungeheure Vorausschau des vielfach als rückständig ver-
achteten südafrikanischen Präsidenten Paul Krüger
würde es den ersten Nationalpark auf dem afrikanischen Kontinent, den Krüger-Park, nicht geben. Es hat
die amerikanischen Gouverneure und Präsidenten in
ihrer Eigenschaft als Politiker, ebenso wie Paul Krüger,
eine Menge Arbeit gekostet, eine Menge an Sympa-
thieverlust bei der eigenen Wählerschaft eingebracht,
als sie im vorigen Jahrhundert große Gebiete für den
Naturschutz bereitstellten. Heute wissen wir, daß dies
der letzte Augenblick und eine ungeheure Voraussicht
war, die wir bei unseren europäischen Politikern ver-
missen. Der Kampf um die Errichtung heutiger Nationalparks, die nur ein schwacher Abglanz von dem sein
können, was im vorigen Jahrhundert möglich gewesen wäre, ist deswegen so schwer.

Die notwendige wissenschaftliche Ratio braucht
nicht von Menschen zu kommen, die als Wissenschaftler für ihre Tätigkeit besoldet werden. Vielmehr
handelt es sich fast immer um Menschen, die sich in
ihrer Freizeit nebenbei das Rüstzeug für eine wissenschaftliche Tätigkeit erarbeitet haben und nun diese
wissenschaftliche Tätigkeit als Amateure in den Dienst
des Naturschutzes stellen. Immer dort, wo sich diese
wissenschaftliche Tätigkeit mit dem Mut zur Emotion
paart, immer dort hat der Naturschutz Erfolg gehabt.

Beim ersten Nationalpark der Welt, beim Yellowstone-Nationalpark in den USA, war dies N. P. Langford; beim Krüger-Nationalpark Stevenson-Hamilton: beides Männer, die das in diesen Zeiten und diesen Gegenden sehr harte Geschäft des Schutzes übernahmen, zusammen mit der selbsterlernten wissenschaftlichen Akribie, wie ein solcher Schutz denn zu bewerkstelligen sei.

Die Rolle der Forschung In allerjüngster Zeit hat sich die Situation gewandelt. Bei den sehr wenigen und meist kleinen Gebieten, wo der Naturschutz noch Flächen beanspruchen kann und beansprucht, ist es für die wissenschaftliche Ökologie unumgänglich, hier gleichzeitig Forschungsinteressen anzumelden. Ökologie kann man nicht theoretisch lernen: man muß ins Freiland hinausgehen und Gebiete kennenlernen, in denen die ökologischen Prozesse noch einigermaßen normal ablaufen. Als Studierender der Biologie mit dem Schwerpunkt Ökologie muß man daher wissenschaftliche Arbeit weitgehend in Naturschutzgebieten lernen, und die Professoren der Universität müssen in diesen Naturschutzgebieten lehren können.

Dazu kommt etwas anderes: um Naturschutzgebiete beanspruchen, halten und begründen zu können, braucht der Naturschutz zunehmend Unterlagen, die auch vor Gericht einer Prüfung standhalten, gegen Interessen, die vorgeben, Arbeitsplätze zu schaffen, oder vorgeben, eine notwendige Verkehrserschließung durchzuführen. In unserer heutigen zahlengläubigen Zeit können Interessenten aus der Wirtschaft und Ingenieure viel leichter Zahlen vorbringen. Diese Zahlen erweisen sich zwar hinterher sowohl was die Arbeitsplätze oder die Verkehrsnotwendigkeit anbetrifft als ebenso falsch wie die Zahlen über die Haltbarkeit von Betonbrückenbauten, aber danach fragt 30 Jahre später niemand mehr. Der Naturschützer kämpft hier also gegen eine Zeitströmung, die nur Zahlen gelten läßt, auf geradezu verlorenem Posten. Er braucht sehr handfeste Unterlagen, und diese kann ihm nur die Wissenschaft, nicht der wissenschaftlich interessierte Laie in die Hand geben. Damit begegnen sich zwei Interessen – das Interesse der Fachökologie, in Naturschutzgebieten arbeiten zu dürfen, und das Interesse des Naturschutzes, Gutachten von Fachleuten zu erhalten.

Diese Situation hat vielfach zu dem Ergebnis geführt, daß von den Universitäten normale Kartierungen und Bestandsaufnahmen gefordert wurden sowie ein normales Monitoring des Zustandes von Schutzgebieten. Hier kann nicht klar genug gesagt werden, daß dazu die Universitätsforschung nicht in der Lage ist, daß dafür keine Mittel zur Verfügung stehen und daß wissenschaftliche Forschung nur grundsätzlich neue Gedanken, neue Methoden, neue Fragestellungen beinhaltet, und dies ist mit einem regelmäßigen Überwachen von Schutzgebieten nicht vereinbar. Man kann es noch härter sagen: die Universitäten können nicht für Versäumnisse des Staates aufkommen, der Naturschutzgebiete erstellt hat, ohne Wissenschaftler zu Rate zu ziehen, die diese normale Arbeit hätten übernehmen können. Bei den bayerischen Nationalparks im Bayerischen Wald und am Königssee ist dieser Mangel erkannt und zum Teil behoben worden. Sonst aber fehlt eine ständige wissenschaftliche Betreuung von Naturschutzgebieten faktisch vollkommen. Dafür können, wie gesagt, die Universitäten nicht eintreten. Ihre Aufgaben liegen an anderer Stelle.

Dennoch hat sich bei den beiden erstgenannten Punkten eine erfreuliche Symbiose zwischen Naturschutz und ökologischer Forschung an den Universitäten in Deutschland ergeben, die eine Fülle naturschützerisch relevanter ökologischer Forschungen begonnen und durchgeführt haben.

Die sogenannte Inseltheorie der Ökologie besagt in ihrem Kern, daß die Artenzahl von Pflanzen und Tieren einer Insel (das ist das gleiche wie ein Schutzgebiet in einer lebensfeindlichen Umgebung) mit zunehmender Größe der Insel exponentiell bis zu einem Sättigungswert zunimmt. Da dies für die Frage wichtig ist, ob man viele kleine oder besser mehrere große Schutzgebiete schaffen sollte, gibt es hierüber eine Fülle von Untersuchungen an Schutzgebieten. Inzwischen arbeiten amerikanische Gruppen im Urwaldgebiet Amazoniens, wo man das großflächige Fällen des Urwaldes und seine Umwandlung in Agrarlandschaft nicht verhindern konnte. Man konnte immerhin erreichen, daß verschiedene Strukturen und verschiedene Größen von einförmig erscheinendem Urwald erhalten blieben, und so analysiert man hier, was denn als Minimum vielleicht zu erhalten wäre, um die ungeheuer interessante, wichtige und reiche Fauna und Flora dieses komplexen Gebietes zu erhalten. In Deutschland gibt es eine Fülle von Arbeiten, die sich in der Hauptsache auf die Frage konzentrieren, wie groß die Minimalfläche sein muß und wie die Organismen eine solche Fläche besiedeln können. Hier ergeben sich erstaunliche Phänomene. Auf einer solchen „Insel" in einer lebensfeindlichen Umwelt, bei der entsprechende Wasserflächen z.T. neu geschaffen, z.T. renaturiert wurden, stellten sich viele Libellen ein: Libellen flie-

gen über weite Strecken, das scheint unproblematisch.
Aber es stellten sich Zwergmäuse, Wasserspitzmäuse
und Ringelnattern neben vielen Molchen und Kröten
ein, die dazu alle mindestens 3–5 km durch sehr le-
bensfeindliches Gebiet hindurchwandern mußten.
Wie dies im einzelnen geschieht, ist bisher noch unklar, aber es stimmt hoffnungsvoll für weitere Arbeiten.

Zum zweiten tendiert der Mensch ja in bester Ab-
sicht zu Korrekturen am System. Vor 100 Jahren hat
der Mensch im besten Wollen versucht, die Räuber –
Marder, Füchse, Wölfe, Löwen, Habichte, Adler, Fal-
ken – auszurotten, um dadurch die Natur reicher zu
machen. Das Ergebnis kennen wir. Heute gibt es sub-
tilere Methoden, so z.B. versucht man Ameisenkolo-
nien im Wald umzusiedeln und in bestimmten Wäldern anzusiedeln, um damit Insektenbekämpfung zu
treiben. Nun erhebt sich natürlich zum ersten die Frage, ob nicht die Ameisen vielleicht gerade die nützlichen Insekten fressen, oder woher sie wissen, welches
die für uns schädlichen sind (wenn man denn überhaupt meint, zwischen nützlichen und schädlichen unterscheiden zu können). Zum anderen scheint sich
herauszustellen, daß die Ameisen auf alle Fälle die
sehr reiche Spinnenfauna am Boden unserer Wälder
zerstören und die Spinnen faktisch ausrotten. Die
Spinnen aber sind, anders als die Insekten, selbst bei
sehr niedrigen Temperaturen auch im Winter aktiv,
und sie leben im Winter weitgehend von überwin-
ternden Insekteneiern und Insekten sowie deren Raupen, die sich im Blätterwerk des Waldbodens oder im
Blattwerk des Waldes verstecken. Ihr Effekt ist daher
möglicherweise viel größer als der der Ameisen, denn
eine Reduktion im Winter, wenn sich die Tiere nicht

fortpflanzen können, ist natürlich viel effektiver als eine Reduktion im Sommer, wenn die nächste Fortpflanzungsperiode dieser Schädlinge vor der Tür steht. Wir haben also möglicherweise den Teufel mit dem Belzebub ausgetrieben. Übrigens: viele Spechte, insbesondere Grün- und Grauspecht, in unseren Wäldern als Insektenvertilger am Baumstamm geschätzt, leben zeitweise von Roten Waldameisen. Mit dem Gitter über dem Ameisenhaufen, das wir häufig zum Schutz der Ameisen im Wald sehen, werden die Spechte einer Nahrungsquelle beraubt und insbesondere der Bestand der Grünspechte schwer geschädigt. Eine andere Korrektur, die heutzutage in allen Forsten zu sehen ist, ist die Bekämpfung von Borkenkäfern mit Pheromonfallen. Borkenkäfer greifen vor allen Dingen alte Fichten und Kiefern an, wenn deren Wasserhaushalt gestört ist (im Urwald also nur in der Zerfallsphase). Abgesehen davon, daß diese Fichten vom Borkenkäfer eigentlich nur dann ernsthaft betroffen sind, wenn sie in standortfremden, zu warmen und feuchten Gebieten als Monokultur angebaut werden, können die Schäden in diesen Monokulturen beträchtlich sein. Die Tiere fliegen eine ein wenig geschädigte Fichte an, und wenn sich dieses Individuum als günstig für die Borkenkäfer erweist, so wird ein Lockstoff ausgesandt, der viele andere Käfer anzieht. Diesen Lockstoff kann man künstlich herstellen und damit selektiv Borkenkäfer in Fallen im Forst fangen. Nur Borkenkäfer werden damit aus dem System herausgenommen. Eine ideale Sache, so scheint es. Jedoch hat die Sache einen Haken: Borkenkäfer haben ganz spezifische Feinde, die nur Borkenkäfer als Beute jagen. Das sind mehrere Käfer, eine Wanze und Schlupfwespen. Genauso selektiv wie die Borkenkäfer in den Pheromonfallen gefangen werden, werden auch die Feinde der Borkenkäfer selektiv in den Fallen gefangen, denn diese Feinde reagieren auf den gleichen Lockstoff. So finden sie leicht ihre Beute. Auszählungen ergaben, daß das Verhältnis von Räuber zu Beute zunächst diesen Effekt als vernachlässigbar erscheinen läßt. Jedoch

1. Rotten wir möglicherweise die Feinde der Borkenkäfer aus, so daß wir, wenn wir keine Pheromonfallen mehr haben sollten, mit Sicherheit besonders schwere Kalamitäten bekommen.*

2. Wir wissen wenig darüber, wie viele Borkenkäfer einer dieser Räuber in seinem Leben frißt und wie viele Borkenkäfer jeder einzelne dieser Feinde von dem einzig günstigen Baum für Borkenkäfer vertreibt. Solange dies nicht analysiert ist, ja nicht einmal in Angriff genommen ist, läßt sich wenig sagen. Denn:

3. Wir wissen aufgrund von Untersuchungen in Nationalparks, daß der wichtigste Effekt von Räubern nicht darin besteht, daß sie soundsoviele Beutetiere fressen, sondern daß die Beutetiere bei Anwesenheit des Räubers sich von besonders günstigen Plätzen zurückziehen. Besonders günstige Plätze sind eben auch für den Räuber besonders günstige Plätze. Durch diesen Vertreibungseffekt kommt es zu einer Reduzie-

---

* Diese Ergebnisse dürfen jedoch zu keinem voreiligen Verdammen der Pheromonmethode im Wald führen. Diese Methode ist immer noch die bisher günstigste und umweltschonendste. Wahrscheinlich müßte man das System Pheromon-Falle dahingehend optimieren, daß diese Falle für die spezifischen Feinde der Borkenkäfer (und an anderen Stellen andere Schadinsekten) nicht erreichbar bleibt. Von den früher angewandten weißen Fallen zu den heutigen schwarzen Fallen ist bereits ein großer Schritt vollzogen, aber dieser Schritt muß weiter optimiert werden.

rung der Beutetiere. Wo Hirsche eine besonders große
Dichte erreicht haben und daher zu einem Problem
wurden, hat die neuerliche Anwesenheit des Luchses
dazu geführt, daß die Hirsche im Winter in Tiefschneegebiete ausweichen mußten, weil sie in Flach-
schneegebieten zu leicht eine Beute des Luchses wurden. Damit ist die Wintersterblichkeit der Hirsche
relativ groß, und das Problem der übermäßigen
Hirschpopulation z.T. gelöst.

Das gleiche gilt übrigens in genau gleicher Weise
für den Effekt von Jägern und Anglern. Was sie als
Jagdbeute entnehmen, würde die Natur tragen. Aber
was sie vertreiben — etwa bei in Deutschland über-
winternden Enten — ist enorm. Aus diesem Grund
dürfen in Naturschutzgebieten keine Angel- und
Jagdlizenzen ausgegeben werden. Übrigens ist dann
die Zahl der Vögel und vermutlich auch die der Fische
im Gesamtgebiet erhöht, so daß die Angler und Jäger
außerhalb des Naturschutzgebietes eine bessere Beute
machen als vorher.

Dieser Vertreibeffekt von Räubern auf ihre Beute
ist bei Insekten — also auch beim Borkenkäfer — bisher
wenig untersucht, aber die wenigen vorhandenen Untersuchungen weisen in genau die gleiche Richtung.

Eine besonders günstige Symbiose zwischen Naturschutz und Forschung hat sich schon seit Jahrzehnten
beim Seevogelschutz ergeben. Heute brüten im Bereich der Nordsee Seevögel fast nur noch in Schutzgebieten, und Seevögel können wissenschaftlich daher
nur in solchen Gebieten untersucht werden. Zwischen
den wissenschaftlichen Stationen und den Naturschutzverbänden ist daher kaum ein Unterschied zu
machen: beide arbeiten naturschützerisch und streng

wissenschaftlich – ob man (im deutschen Bereich) etwa die Vogelwarte Helgoland, den Verein Jordsand oder den Mellumrat meint.

Ein wichtiges Beispiel wurde in England an der Brandseeschwalbe erarbeitet. Sie brütet nur in kleinen Primärdünen, die gelegentlich nach Hochfluten entstehen, gelegentlich bei einer Inselbildung. Diese Primärdünen wachsen auf Sandplatten heran und werden bei der nächsten Flut wieder vernichtet, oder sie gehen dann nach einigen Jahren in Sekundärdünen über, in das, was man als Inselbesucher normalerweise als Dünen, als die großen Dünen kennt. Nur in dem schmalen und kurzfristigen Übergang zwischen Primär- und Sekundärdünen können Brandseeschwalben zur Brut schreiten. Der Effekt ist ein sehr unstetes Verhalten der Kolonien. Sehr große Kolonien können plötzlich irgendwo auftreten und ebenso plötzlich wieder vollständig verschwinden. Auch kleine Kolonien können hier oder da je nach der Größe des Primärdünengebietes erscheinen. Die Zahl aller Brutvögel im Küstengebiet der Nordsee ist relativ konstant (offenbar hat ein großer Gifteintrag aus dem Rhein vor 20 Jahren einen Zusammenbruch gebracht, der heute aber weitgehend ausgeglichen ist).

Dieses ist eine für die Wissenschaft und für den Naturschutz gleichermaßen extrem wichtige Erkenntnis. Wir müssen unter Umständen über viele Jahrzehnte ein Schutzgebiet schützen, obwohl der Schutzgrund überhaupt nicht vorhanden ist. Ganz plötzlich, wenn sich irgendwo wieder Primärdünen bilden, ist der Schutzgrund, die Brandseeschwalbe, in sehr großer Zahl vorhanden und es ist nötig, das Schutzgebiet zu erhalten. Denn wo sollten sonst diese Tiere in diesem Jahr brüten? Nur die Gesamtküstenlinie der Nordsee mit ihren dauernd hier oder da neu entstehenden und vergehenden Primärdünen vermag die Art Brandseeschwalbe zu erhalten (die sonst an den deutschen Küsten brütenden Küstenseeschwalben, Flußseeschwalben und Zwergseeschwalben verhalten sich hinsichtlich ihrer Biotopansprüche anders).

Für die Wissenschaft entsteht eine Fülle von Fragen aus dieser Erkenntnis. Wie erfahren die Seeschwalben von neu entstandenen Primärdünen und wie erfolgt ihre Kommunikation? Warum sind sie in solch charakteristischer Weise an einen besonderen Lebensraum gebunden? Was ist ihr Effekt auf diesen Lebensraum? Vermutlich bringt ihr enges Brüten mit starkem Kottransport ein sehr rasches Wachstum der Primärdünen zustande und damit eine Selbstvernichtung des Lebensraumes.

Eines der ältesten Mittel des Naturschutzes ist das Aufhängen von Nistkästen für Vögel. Diese Maßnahme ist lange Zeit in ihrer Bedeutung überschätzt worden und wird zum Teil auch heute noch überschätzt. In einem normalen Wald sind stets genügend Höhlen vorhanden – in einem gesunden Rotbuchen-Hallenwald zählten wir in jedem zweiten Baum eine für Singvögel geeignete Höhle. Das Aufhängen von Nisthilfen für Vögel ist hier also völlig unnötig. Anders liegen die Dinge natürlich in monotonen Kunstforsten; vor allen Dingen in monotonen Nadelbaumforsten. In solchen Forsten, wo die Bäume in der Regel kaum 50 Jahre alt werden, bis sie geschlagen werden, sind naturgemäß keine Nisthöhlen vorhanden, und natürlich haben wir hier besonders starke Insektenkalamitäten. In solchen Forsten konnte gezeigt werden, daß das Aufhängen von künstlichen Nisthöhlen und

Nistkästen sehr positive Wirkungen auf den Insektenbestand hatte und daß Massenvermehrungen von Schadinsekten ausblieben. Das Aufhängen von Nistkästen in Gärten ist eine durchaus nützliche Sache – nur sollte dann auf jede Anwendung von Pestiziden in diesen Gärten unbedingt verzichtet werden: es ist erstens unnötig und zum zweiten wird auf diese Art und Weise die Vogelbrut vergiftet. In Wäldern mit hoher natürlicher Dichte von Baumhöhlen kann das Ausbringen von künstlichen Nistkästen und Nisthöhlen sogar schädlich sein: solche Nisthilfen begünstigen ja besonders die Meisen, die bei uns überwintern und sehr früh zur Brut schreiten. Der Meisenbestand wird also erhöht, und dadurch sinkt die verfügbare Nahrungsbasis für später im Jahr kommende Singvögel wie Gartenrotschwanz, Trauerfliegenschnäpper, Halsbandfliegenschnäpper und Wendehals. Diese Arten aber sind schon aufgrund ihrer weiten Winterwanderung nach Afrika viel eher gefährdet als Meisen – und nun werden sie gar noch durch Vogelschutzmaßnahmen weiter gefährdet. Das Ausbringen von Nisthilfen für höhlenbrütende Vögel sollte daher auf Gärten und monotone Fichtenforste beschränkt bleiben – wobei monotone Nadelforsten sowieso zu vermeiden sind. Ähnliches gilt für die Winterfütterung von Singvögeln. Meisen leiden in Deutschland faktisch niemals Not. Im Gegenteil: durch intensive Fütterung im Winter ziehen sie, durch das sehr reiche Futterangebot angelockt, nun aus den Wäldern in die Ortschaften hinein, und damit unterbleibt ihre Funktion im Ökosystem Wald während der Wintermonate. In vielen Wäldern unseres dicht besiedelten Deutschland trifft man daher während des Winters kaum noch Meisen an, und gerade hier wären sie eigentlich notwendig.

Die Winterfütterung von Meisen hat daher in der Hauptsache die Bedeutung, dem Großstadtmenschen etwas Beziehung zur Natur zu geben. Kaum anders liegt die Bedeutung einer Winterfütterung für Körnerfresser – für nordische Bergfinken, Zeisige, Goldammern, für Wacholderdrosseln und Weindrosseln. Diese Arten werden durch Fütterungen davon abgehalten, ihre normalen, weit südlich gelegenen Winterquartiere aufzusuchen, wenn ein wirklich strenger Winter kommt. Sie finden zwar in unserer aufgeräumten Landschaft bei hoher Schneedecke kaum Nahrung, aber sie wandern an sich sowieso weiter nach Süden und Westen, wo sie keine Not zu leiden haben. Wir gewöhnen diesen Vögeln das normale Winterzugverhalten ab.

DIE NOTWENDIGKEIT LANGFRISTIGER FORSCHUNG Auf alle Fälle: langfristige, sehr langfristige Forschung ist notwendig, um diese Fragen anzugehen. Die Zeit der kurzfristigen ökologischen Untersuchungen sollte vorbei sein. Damit sind die Universitäten in einer besonders schwierigen Situation, da bei ihnen ja die Studierenden sehr schnell die Universität wieder verlassen und eine langfristige Forschung faktisch nicht möglich ist. Auch die Lehrenden sind ja gerade während der Brutzeit nicht zur Forschung auf den Vogelinseln abkömmlich: dann müssen sie an ihren Universitätsorten unterrichten. Dies Beispiel zeigt, welche Bedeutung Langzeitforschung hat, aber es wird in den folgenden Beispielen noch deutlicher.

Die Notwendigkeit solcher Langzeitforschung wird besonders an den Zyklen deutlich, die ursprüngliche Ökosysteme durchlaufen und die im Kapitel „Wozu" dargestellt wurden.

Wo anders als in Naturschutzgebieten sollte dieses Phänomen heute näher erforscht werden? Die Nichtbeachtung solcher Zyklen ist möglicherweise mitschuldig am sogenannten Waldsterben. Wir brauchen eine extreme Langzeitforschung, und hier unterscheidet sich die Ökologie, die für den Naturschutz so wichtig ist, grundsätzlich von den heute besonders stark geförderten und den so modernen Fächern Mikrobiologie, Biochemie, Biotechnologie, Molekularbiologie, Gentechnologie. Wer mit Enzymen und Mikroorganismen zu tun hat, kann die Ergebnisse bei günstiger Fragestellung und günstigen technischen Hilfsmitteln innerhalb weniger Tage haben. Wer etwas über Ökosysteme aussagen will, braucht Jahrzehnte, denn er kann (Gott sei Dank) die Erddrehung nicht beschleunigen.

Jeder weiß, daß Lemminge in der arktischen Tundra gelegentlich Massenvermehrungen durchlaufen. Genaue Untersuchungen in der amerikanischen Tundra (bei Point Barrow) ergaben, daß dort alle 4 Jahre ein Maximum auftritt – ähnlich wie bei unseren Feldmäusen in der Oldenburger Gegend und bei Wühlmäusen in Skandinavien. In Nordfinnland rechnet man jedoch, daß der Zyklus dort etwa 9–10 Jahre dauert (nachdem man bis vor kurzem angenommen hatte, auch der Lemming unterliege einem 4-Jahreszyklus). Schon der Nachweis, daß ein 4-Jahreszyklus gegeben ist, braucht sehr viel Zeit, denn mindestens 3 Maxima sollte der Forscher schon ermitteln, und das ergibt eine Untersuchungszeit von 12 Jahren. Bei einem 10-Jahreszyklus aber müßte man über 30 Jahre geforscht haben.

Und wie kommt es zu einem solchen Zyklus?

Andreev hat einen 10-Jahreszyklus beim Moorschneehuhn in Ostsibirien beobachtet und beschrieben. Es scheint, daß die ganze Schneehuhnpopulation in jedem Jahr nicht in dem eigentlichen Brutgebiet, sondern neben diesem brütet und so einen riesengroßen Kreis mit einem Durchmesser von etwa 1000 km durchwandert, wobei die Gesamtpopulation einigermaßen konstant ist (im Gegensatz zu den bisherigen Annahmen, es sei ein Auf und Ab der Population). Jedoch brütet die Gesamtpopulation in einem riesigen Gebiet mit einem Durchmesser von 1000 km nur in einem Teilbereich, wo sie Blätter und Knospen einer Weidenart komplett abäst. Erst nach 10 Jahren kommen die Moorschneehühner an die alte Stelle zurück, und dort haben sich die Weiden inzwischen vollends erholt. Der Zyklus der Moorschneehühner in diesem Gebiet ist also kein Zyklus der Zahl in der Zeit, sondern ein Zyklus des Aufenthaltsgebietes in der Zeit.

Es ist nicht klar, ob sich dieses auf die anderen Zyklen der Nordhalbkugel übertragen läßt. Es zeigt jedoch, wie dramatisch wichtig Langzeitforschung und wie schwierig die Situation ist. Die Ergebnisse sind nicht in kurzer Zeit zu erbringen.

Ein anderes Beispiel: Lärchen und Arven im Engadin werden in einer bestimmten Höhenlage regelmäßig durch Raupen eines Schmetterlings komplett entnadelt, der Schaden ist erheblich. Bevor man jedoch ein großes Insektizidprogramm in die Wege leitete, gab man den Weg frei für Untersuchungen, und sie ergaben, daß nach einer Entnadelung die im nächsten Jahr gebildeten Nadeln eine härtere Oberfläche besitzen, so daß sie für Junglarven nicht anfreßbar sind. So bricht die Population des Schmetterlings zusammen. Im Laufe der folgenden Jahre wird nun nach und nach wieder die ursprüngliche Nadelform hergestellt, bis die Schmetterlinge wieder angreifen können. Dies geschieht im Prinzip alle 10 Jahre. Würde man nun mit Insektiziden den Schädling bekämpfen – was leicht möglich wäre – würde man die Nadeln von Jahr zu Jahr für die Raupen des Schmetterlings leichter angreifbar machen. Man müßte nun also Jahr für Jahr bis ans Ende der Zeit die Insektenbekämpfung durchführen. Dies würde wesentlich teurer sein als der Schaden, den man einmal alle 10 Jahre hinnehmen muß. Also unterbleibt die Bekämpfung.

Wiederum hat hier nur ein sehr langes Forschungsprogramm geholfen. Wir brauchen diese extreme Langzeitforschung, die unserem augenblicklichen Zeitgeist so sehr widerspricht, und wir müssen uns für sie einsetzen. Die Universitäten sind prinzipiell nicht geeignet, derartige Langzeitforschung wirklich zu übernehmen. Sie sollten auch nicht eintreten müssen, um Versäumnisse des Staates bei der Bereitstellung von Forschungsstellen zu überbrücken. Wichtig ist, daß eine naturschutzorientierte Langzeitforschung etabliert wird – an den Akademien, in den Nationalparks oder an einer ähnlichen Stelle (besser alle drei nebeneinander). Naturschutzgebiete müssen auch für Forschung offen sein, solange die Forschung dem Naturschutzzweck nicht zuwiderläuft. Nur so werden wir das ganz dringend benötigte Wissen für den Naturschutz bereitstellen können. Und: wir brauchen Naturschutzgebiete, um überhaupt langfristig existierende Untersuchungsräume zu haben.

Allerdings ist hier eine Einschränkung zu machen, die gerade bei den vielen Idealisten, die im Naturschutz arbeiten, immer wieder auf Mißtrauen trifft: Naturschutz ist nur möglich, wird nur durchgehalten und durchgesetzt, wenn ein gewisser Mindestlebensstandard des Menschen vorhanden ist.

Wie oft wird in Entwicklungsländern dem Vertreter des Naturschutzes entgegengehalten, daß wir reichen Europäer unser Land völlig verwüstet hätten und dabei hervorragend lebten. So hervorragend wollten sie, die jetzigen Naturvölker, auch leben. Es ist außerordentlich schwer, hier zu argumentieren und hier Naturschutz durchzusetzen – einfach, weil dies die längerfristige Überlebensstrategie für den Menschen ist. Mit ethischen Argumenten ist da nie etwas zu machen. So ist auch die Wilderei in Entwicklungsländern zu verstehen. Wenn das Horn eines Nashorns mehr einbringt als den normalen Jahresverdienst eines Wildhüters, kann man sich über Wilderei in Nationalparks nicht wundern.

Hier zu überzeugen, hier zu zeigen, daß gerade die Entwicklungsländer unter anderem deswegen Entwicklungsländer sind, weil Hochintensivlandwirtschaft wie bei uns aufgrund der klimatischen Bedingungen von vornherein nicht möglich ist, und daß der Versuch einer solchen Hochleistungslandwirtschaft zu einer ganz raschen Zerstörung der Lebensbasis des Menschen führt, ist eine der wichtigsten Bildungsaufgaben in diesen Ländern, und es gehört ferner dazu, für unser dicht besiedeltes Europa zu zeigen, daß wir nicht noch dichter aufeinander leben können und nicht noch mehr ökologische Prozesse zerstören können, wenn wir in Mitteleuropa überleben wollen.

WAS Die Frage, was wir schützen sollen, löst auch unter Naturschützern immer wieder stundenlange Debatten aus. Eine Einigung ist im Einzelfall an einzelnen Stellen normalerweise kein Problem. Probleme entstehen jedoch bei dem Versuch genereller Richtlinien. Soll man eine seltene Tierart schützen? Der Menschenfloh ist bei uns selten geworden und ebenso manche Bandwürmer. Niemand wird annehmen, daß wir sie schützen sollen. Im 30-jährigen Krieg gelangten große Wanderzüge der afrikanischen Wanderheuschrecke bis nach Mitteleuropa und richteten hier verheerende Schäden an. Seitdem sind keine Wanderzüge mehr in Mitteleuropa aufgetreten. Sollen wir, wenn ein solcher Wanderzug einmal wieder auftreten sollte, ihn bei uns schützen? Wohl kaum. Seltenheit allein ist offenbar kein Kriterium. In den skandinavischen Moorwäldern gibt es noch große Bestände des Birkhuhns, und die Existenz dieser Art dürfte im Augenblick nicht gefährdet sein. Wohl aber ist die Existenz des Birkhuhns in Mitteleuropa, in Deutschland aufs äußerste gefährdet. Wir schützen das Birkhuhn mit allen Kräften. Offenbar kommt eine regionale Komponente hinzu, aber auch diese ist schwer definierbar. Wenn im Bereich Berlins keine Birkhühner leben, wird niemand auf die Idee kommen, ein einzelnes verflogenes Tier, welches einmal in den Grunewald kommen könnte, für besonders schutzwürdig zu erklären. Wohl aber wäre das gleiche Individuum als Teil einer Population in einem der schleswig-holsteinischen oder niedersächsischen Hochmoore schutzwürdig, wo die Art unaufhaltsam zu verschwinden scheint. Der Silberwurz Dryas octopetala ist in den Alpen oberhalb der Baumgrenze sehr häufig, und niemand hält ihn für gefährdet. Auf den Gipfeln einiger Berge in Hessen hat es jedoch Restbestände gegeben, die inzwischen wohl verschwunden sind. Sollten hier wieder Pflanzen auftauchen, würde ihnen ohne weiteres der höchste Schutzstatus zuteil.*

Versagen wir uns an dieser Stelle den Versuch einer generellen Übersicht. Im nächsten Kapitel, wo wir die Frage „Wie?" besprechen werden, nähern wir uns vielleicht eher einer Antwort. Etwas einfacher wird die Sache, wenn wir uns der Frage „Was?" auf andere Weise nähern.

---

* Der Naturschutz muß sich auch darüber im klaren sein, daß politische Grenzen vom Menschen gemacht, zufällig sind oder das Produkt eines unsinnigen Krieges. Wenn beispielsweise eine Pflanze ihren einzigen deutschen Standort bei Regensburg hat, aber gleich hinter Passau in Österreich ein selbstverständliches und allgemein häufiges Kraut ist, so sollte sich hier der Naturschutz nicht wegen des „einzigen Vorkommens der Art in der Bundesrepublik" in Kämpfe verwickeln lassen, die ihm letzten Endes selber schaden. Anders sehen die Dinge aus, wenn eine hochnordische oder alpine Pflanze aus irgendwelchen Gründen vermutlich als Eiszeitrelikt einen Standort in der Mitte der Bundesrepublik hat. Das frühere Vorkommen des Silberwurz Dryas octopetala auf dem Hohen Meißner in Nordhessen ist jetzt erloschen. Um diese Pflanze hätte sich ganz sicher ein langes und intensives Ringen gelohnt, denn die Population – weit entfernt von jedem anderen natürlichen Vorkommen mit möglicherweise einer eigenen genetischen Basis – wäre wirklich etwas Besonderes. Genauso ist das Vorkommen der Zwergbirke bei Bodenteich in der Lüneburger Heide zu werten oder das Vorkommen der Moltebeere in wenigen norddeutschen Mooren. Hier bedeutet „ein einziges Vorkommen in der Bundesrepublik Deutschland" etwas ganz anderes als in dem zuvor geschilderten Fall: es handelt sich um ökologisch überaus bemerkenswerte, völlig vom normalen Verbreitungsgebiet der Art isolierte, möglicherweise durch ein eigenes genetisches Material an diese spezifischen Bedingungen angepaßte Populationen, die wir hier schützen.

WELCHE ORGANISMEN SIND SCHÜTZENSWERT UND WARUM Jeder weiß, daß auffällige, geradezu spektakuläre Pflanzen und Tiere normalerweise unter Schutz stehen. Baumfalk, Fischadler, Seeadler, Steinadler, Schwarzstorch, weißer Storch, Kranich, Schachblume, Schwertlilien, Türkenbundlilien, Frauenschuh, Perlmuschel und Hirschkäfer gehören hierher, um nur einige zu nennen. Warum schützen wir und kennen wir ausgerechnet diese Arten?

Alle diese Arten deuten auf stille, wenig betriebsame, naturnahe, großräumige Landschaften hin, und sie können nur in solchen Arealen gedeihen. Die Schachblume verträgt keine Düngergaben und verschwindet daher sofort, wenn eine Wiese regelmäßiger landwirtschaftlicher Nutzung unterliegt. Seeadler brauchen Wälder und große Seen, Perlmuscheln brauchen extrem klare Bäche mit einem extrem reinen Wasser und einem extrem sauberen, sandigen Boden. Wo sie vorkommen und sich fortpflanzen, kann man das Wasser noch unbedenklich trinken.

Es ist also mehr als nur die eine Art, die wir hier schützen. Ein Reh oder ein Hirsch läßt sich leicht irgendwo ansiedeln, und wenn dann nicht gewildert wird, halten sich die Tiere auch gut in unserer Kulturlandschaft. Das alles gilt für die aufgeführten Arten nicht. Sie haben ganz extreme Ansprüche an ihren Lebensraum und sind damit Indikatoren. Wo sie Lebensmöglichkeiten finden, kann man, ohne nachzuschauen, auch die Existenz anderer extrem seltener Pflanzen und Tiere vorhersagen. Wir können vorhersagen, daß es sich um relativ großräumige Gebiete handelt, in denen die natürlichen ökologischen Prozesse noch ablaufen, ohne daß der Mensch dauernd eingreifen muß.

Daneben sind diese Arten schlicht und einfach im Sinne unserer ethischen Verantwortung gefährdet, und sie sind ebenso gefährdet wie all die weniger auffälligen Arten, die mit ihnen zusammen vorkommen. Nur: man kann an diesen Arten relativ leicht abmessen, ob das ganze System noch einigermaßen vollständig erhalten ist.

Wo solche Indikatorarten nicht mehr vorkommen – und das ist meist der Fall – muß man versuchen, die Systeme zu schützen, in denen diese Arten oder vergleichbare andere, bedrohte Arten unserer Heimat überhaupt noch leben könnten. Das klingt sehr einfach, ist aber im Einzelfall durchaus mit mehr oder weniger großen Schwierigkeiten verbunden.

Am einfachsten ist noch die Situation mit dem Wald. Eine Reihe von Pflanzen und Tieren ist mit unserem seit Jahrhunderten stark genutzten, immer wieder neu gepflanztem Forst zufrieden und kann hier gedeihen. Buschwindröschen, Leberblümchen und der Großteil unserer Singvögel und Spechte gehört in diese Kategorie. Eine Fülle von Arten verlangt jedoch echte Urwälder oder Wälder, die so wenig genutzt werden, daß sie faktisch das Aussehen von Urwäldern haben. Hierher gehören etwa Zwergfliegenschnäpper, die nur in der Altersphase eines Urwaldmosaiksteins anzutreffen sind. Hierher gehören Dreizehenspecht und Weißrückenspecht, die große Totholzanteile benötigen. Hierher gehört das Auerhuhn, welches zur Balz einen halbtoten oder toten Baum braucht, in der Nachbarschaft eine offene Fläche, wo die Bodenbalz dann fortgesetzt werden kann, mit anschließenden Dickungen, wo die Henne ihre Jungen erbrütet, mit Haufen der Roten Waldameise (die sonnenbeschienen sein müssen), weil die Jungtiere Rote Waldameisen fressen müssen. Das alles ist in unseren Forsten nicht gegeben, daher geht das Auerhuhn mit rasanter Geschwindigkeit zurück.

Aber das alles ist relativ einfach zu machen. Es kostet nur Zeit und (nicht sehr viel) Geld und vor allen Dingen Überzeugungskraft, die Forstverwaltungen zu einer Rückführung des Waldes zu urwaldartigen Zuständen zu bringen (in einer Zeit, wo Holz sowieso kaum noch verkäuflich ist, sollte dies möglich sein).

Übrigens sind eine Reihe von Vogelarten dadurch selten, daß ihnen immer wieder nachgestellt wurde. Illegaler Abschuß, das Ausnehmen der Eier als Handelsobjekt oder für die eigene Eiersammlung, das Aushorsten der Jungvögel für Falknerei oder zum Verkauf an Falkner: alles das hat eine sehr große Rolle gespielt und spielt noch immer eine große Rolle. Diese Vögel – hierher gehören vor allen Dingen Wanderfalk, Seeadler, Kranich und Schwarzstorch – hielt man immer für besonders empfindlich Umwelteinflüssen gegenüber. Sie sind das jedoch nicht stärker als andere Vogelarten auch. Als man begann, ihre Nester rund um die Uhr während der ganzen Fortpflanzungszeit streng zu bewachen, stieg der Bruterfolg dramatisch an, und aus den letzten in Deutschland verbliebenen Paaren wurden inzwischen kleine neue Populationen. Allerdings: es gibt leider noch immer genügend Beweise, daß beispielsweise Wanderfalkenjunge ausgehorstet wurden, wenn die Bewachungsmannschaft nur eine Stunde nicht am Platz war.

Hier ist starke Erziehungsarbeit notwendig, um vor allen Dingen auch den Druck der Öffentlichkeit auf Falkenhöfe und auf das allgemeine Bewußtsein Menschen gegenüber, die Eiersammlungen haben, die

solche Tiere halten oder mit solchen Tieren handeln,
zu verstärken.

SCHUTZ BESTIMMTER LANDSCHAFTEN Viel schwieriger
sind – möglichst südwärts gerichtete – Trockenhänge
zu schützen. Sie beherbergen bei uns eine äußerst bemerkenswerte Flora und Fauna, die schon zum Teil
Mittelmeercharakter trägt. Eine Reihe von Eidechsen,
Schlangen und Insekten (unter denen der Schmetter-
lingshaft und die Gottesanbeterin besonders wichtig
sind) kommen hier vor. Eine Reihe von kühlen Sommern, wie sie ja bei uns immer wieder vorkommen,
kann fast unser ganzes Insektenleben auslöschen, und
allgemein wird dann über den Rückgang der Schmetterlinge geklagt. Südwärts gerichtete Hänge sind die
Stellen, an denen sich solche Tiere auch nach vielen
kühlen Sommern halten und vermehren können und
von wo aus eine Ausbreitung wieder erfolgt, wenn es
eine Serie warmer und schöner Sommer gibt. Doch
wir haben eines übersehen: diese Hänge sind heute als
Bauplätze begehrt. Sie sind als Weinberge begehrt, sie
sind als Ausflugsziele begehrt, ihre Zahl hat daher
stark abgenommen. Ferner: diese Trockenhänge beherbergen im Gegensatz zu unserer sonstigen heimischen
Landschaft kaum einen reichen Wald. Für Bäume
reicht die Wasserversorgung kaum aus. Die Tiere unserer Urheimat wie Wisent und Auerochse lagerten
hier so gern wie heute unsere Touristen, sie hielten
daher unproblematisch solche Trockenhänge waldfrei.
Später übernahm das der Schäfer. Heute gibt es das alles nicht mehr, und all die Trockenhänge unserer Heimat „verbuschen“, indem sich vor allen Dingen Schle-
hen, Wildrosen und Ginster stark ausbreiten. Mit
dieser Verbuschung verschwinden natürlich die cha-

rakteristischen Blumen, wie etwa die Küchenschelle, und genauso verschwinden die wärmeliebenden Tiere.

Ein besonders gefährdeter Lebensraum unserer Heimat sind Flußauen, von denen wir bereits gesprochen haben. Sie existieren heute nur noch in letzten Resten am Rhein und an der Elbe. Ihre Bedeutung als Verhinderer von Hochwässern haben wir auch bereits besprochen. Die charakteristischen Tiere wie Kranich, Seeadler, Schwarzstorch sind heute ebenso fast völlig verschwunden wie die für diese Gebiete charakteristischen Pflanzen, wie etwa die Schwanenblume.

Ein besonders schwieriger Fall sind alte Kulturlandschaften. Da steht irgendwo ein besonders schöner alter Baum in der freien Landschaft. Dieser Baum ist in Wirklichkeit oft eine Baumruine, wie von Caspar David Friedrich gemalt. Er steht natürlich unter Naturschutz, und das ist Unfug, denn das Leben dieses Baumes ist begrenzt, er wird bald sterben, vielleicht in 50 oder in 100 Jahren. Was wird dann aus diesem Naturdenkmal? Schutz hat aber doch nur dann einen Sinn, wenn er über das Individuum oder über das Leben des Individuums hinausgeht. Schutz wäre nur dann sinnvoll, wenn rechtzeitig neben das Naturdenkmal ein junger Baum gepflanzt würde, wenn aus dem isolierten dekorativen Baum eine lebende, wachsende Baumgruppe würde. Man kann diesen alten, in weiten Teilen toten oder sterbenden Baum als markanten Punkt, als die Landschaft bereicherndes Objekt schützen, aber man muß sich darüber im klaren sein, daß dieses Objekt sehr schnell einem ganz normalen Tod entgegensieht. Für den Naturschutz ist da eigentlich nichts zu holen. Man sollte derartige Fälle reduzieren, wie es ja auch heute zunehmend geschieht. Nicht weil es uns an Achtung vor dem Baumriesen mangelt, der so unglaublich viel in seiner Geschichte erlebt hat, sondern weil uns dieser Baumriese so unglaubliche Geschichten erzählen könnte, weil er aus einer Zeit berichten könnte, von der wir eigentlich im allgemeinen nur viel zu romantische Vorstellungen haben. Er ist kein Objekt des Naturschutzes, sondern des historischen Denkmalschutzes.

Oder: gibt es das vergessene Land meiner Kindheit vielleicht auch heute noch? Damals gehörten zu vielen Dörfern Gebiete, die faktisch nicht erreichbar waren. Traktoren waren nicht vorhanden. Autos und Fahrräder waren extreme Mangelware. Viele Gebiete, die zu einem Dorf in Norddeutschland gehörten, lagen für die damaligen Pferdegespanne mehr als einen halben Tag vom Dorf entfernt. Somit war es nicht möglich, sie wirklich zu bewirtschaften, denn an einem Tage kam man nicht hin und zurück. Derartige Gebiete an den Grenzen der Gemarkungen waren mehr oder weniger vergessene Gebiete; nur selten kam ein Mensch hierher. Es gab große Heideflächen, der Wald wuchs, wie er wollte, und die Wiesen waren weitgehend unberührt. Wenn Rinder auf die Wiesen getrieben wurden, so standen sie hier unbeaufsichtigt über längere Zeit. Solche Gebiete gibt es wohl heute nicht mehr. Sie sind das bevorzugte Ziel von Tagesausflüglern, die mit Auto, Motorrad oder Fahrrad hierherkommen. Dazu hat die Landwirtschaft durch den Einsatz schneller Traktoren diese Gebiete so leicht erreichen können, daß sie auch heute intensiv bewirtschaftet werden. Das sind alte Kulturlandschaften, sehr extensiv genutzte Kulturlandschaften, sie beherbergen eine Fülle von Pflanzen und Tieren, und sie stellen so interessante Systeme dar, daß man sie, wo sie noch vorhanden sind, nach Möglichkeit schützen sollte.

Hierher gehören auch Ruinen des technischen Zeitalters. Stillgelegte alte Bahnhöfe, an denen sich kein Mensch mehr sehen läßt, stillgelegte Fabriken und ihre Höfe, Halden von Bergwerken erfüllen häufig ähnliche Voraussetzungen. In engbesiedelten Gebieten können Industrieruinen für den Naturschützer überaus interessant und wertvoll werden. Der Boden ist meist extrem arm (und nicht so überdüngt wie fast alle unsere bewirtschafteten Gebiete heute), und daher können hier noch Pflanzenarten gedeihen, die im Konkurrenzkampf mit anderen Arten auf so armen Böden den Sieg davontragen, die aber auf reichen Böden unterliegen und verschwinden würden. Diese meist intensiv blühenden Blumen locken Insekten als Blütenbestäuber in großer Arten- und Individuenzahl an, und damit wird ein solches Gebiet auch für Insekten allgemein interessant. Von den Insekten leben Eidechsen, die dichte Vegetation meiden und gern offene Flächen mit Verstecken haben, wie das gerade auf Trümmergrundstücken der Fall ist. Auch unter den Vögeln können hier wieder Arten auftreten, die sonst kaum mehr anzutreffen sind, wie die Würgerarten. Schließlich: gerade Bahngleise, alte, nicht mehr benutzte Verkehrswege und dergleichen können solche Lebensräume miteinander verbinden, sie können eine Vernetzung der Biotope zur Folge haben. Oft stellen solche Areale in Ballungsgebieten für den Menschen den einzigen verbleibenden Zugang zur Natur dar.

Ebenso wie die Südhänge haben solche Industrieruinen einen Nachteil: sie sind durch die Tätigkeit des Menschen entstanden, und ohne weitere Eingriffe des Menschen können sie relativ rasch vergehen. Das vielleicht bekannteste Beispiel ist die Lüneburger Heide, die schon in der Bronzezeit teilweise entstand und dann während des Mittelalters endgültig geschaffen wurde. Sie stellte damals eine vom Menschen geschaffene Steppe afrikanischer Art in Norddeutschland dar, und Arten, von denen wir heute kaum noch zu träumen wagen, waren damals häufig wie etwa der Schlangenadler, der um 1800 in der Nähe von Celle als Brutvogel zahlreich war. Heute wissen wir: die Lüneburger Heide wurde dadurch erhalten, daß die Heidschnucken die Heide kurz hielten. Daran waren nicht nur die Schäfer interessiert, sondern vor allem die Imker, weil nur eine regelmäßig kurz verbissene Heide stark blüht und damit ein guter Honiglieferant ist. Honig war bis zur Entdeckung und Zucht der Zukkerrübe der einzige Zuckerlieferant für den Menschen, und so spielte die Imkerei oder, wie sie in Süddeutschland heißt, die Zeitlerei eine wirtschaftlich dominierende Rolle. Die Erhaltung von Heidegebieten ist weitgehend die Folge des Honigbedarfs unserer Voreltern. Heute wird Honig viel kostengünstiger aus Übersee importiert. Er ist als Zuckerquelle ohne Belang. Heidschnucken sind weder als Woll- noch als Fleischlieferanten irgendwo bedeutungsvoll. Nun kommen Birken auf. Sie wachsen heran, in ihrem Schatten kommen auch Kiefern und Eichen auf, aus der Heide wird ein Wald.

DIE FRAGE NACH DEM „WAS" ALS POLITISCHE ENTSCHEIDUNG   Viele Naturschutzgebiete sind heute, nachdem die Tätigkeit des Menschen auf ihnen vorbei war, so sehr verändert, daß von dem ursprünglichen Schutzziel nichts mehr zu bemerken ist. Hier muß nun der Naturschützer eine politische Entscheidung fällen. Eine politische Entscheidung ist das deswegen, weil er eine Zielvorgabe machen muß, was er denn eigentlich schützen will. Will er schützen, was ohne den Menschen langfristig an dieser Stelle wachsen und leben würde, oder will er etwas schützen, was durch die Tätigkeit des Menschen in unsere Heimat gekommen ist? Wir müssen bedenken, daß Teile der Lüneburger Heide schon in der Bronzezeit entstanden sind durch die damalige Tätigkeit des Menschen mit Feuer und Axt. Seit damals existieren Teile der Lüneburger Heide, seit damals existiert sie mit ihrer Pflanzen- und Tierwelt. Die Entscheidung ist nicht naturwissenschaftlich begründbar, und daher muß eine politische Entscheidung vom Naturschützer gefällt werden. Wichtig ist jedoch eines: wir müssen eine Entscheidung fällen, und dieser Entscheidung müssen wir folgen. Es ist biologisch und ökologisch unsinnig, diese Entscheidung alle zehn Jahre zu revidieren oder auch nur in jeder Generation zu revidieren. So rasch ist der Atem der Natur nicht. Wir müssen also entscheiden, ob wir auf Lebensräume verzichten wollen, die wahrscheinlich 1000 bis 3000 Jahre alt sind und die für unsere Geschichte eine ungeheure Rolle spielen, oder ob wir zu Zuständen zurückkehren wollen, wie sie ohne den Menschen existieren würden. Von der ersten Entscheidung an werden wir eine Biotoppflege durchführen müssen und, da dies nicht mit modernen Maschinen ohne weiteres geleistet werden kann, werden wir unsere Methoden optimieren müssen. Das bedeutet fast immer: zu den alten Methoden zurück. Wir werden die Heide, falls wir sie so erhalten wollen, mit Heidschnucken beweiden müssen, und wir werden für Bienen sorgen müssen, da sonst die Flora verändert wird. Das ist nicht billig. Dies erfordert, wenn wir davon ausgehen, daß die heutigen Umweltverhältnisse erhalten bleiben, einen dauernden finanziellen Aufwand.

Die andere Methode ist deutlich billiger. Wir müssen jedoch in Kauf nehmen, daß der Schutzgrund für die Heide verlorengeht. Wir haben gesehen, daß die Heide ein Wald wird, daß ein natürlicher, ungenutzter Wald bei uns Mosaiken verschiedener Vegetationsbilder zeigt, die zyklisch miteinander abwechseln. Auch ein Wald bleibt also nicht konstant.

Wir sind damit an einem tieferen Problem, als man es normalerweise wahrhaben möchte. Wenn der Naturschutz Wasser, Boden und Luft unserer Heimat schützen will, so tut er dies natürlich am besten, indem er die natürlichen ökologischen Prozesse so ablaufen läßt, wie sie laufen wollen. Durch seine dauernden Eingriffe – in der Forstwirtschaft, in der Landwirtschaft, durch die Industrie – sind unser Wasser, unser Boden, unsere Luft nicht mehr das, was wir von ihnen erhoffen, und wir müssen mit großem technischen Aufwand versuchen, sie sauber zu halten. Diesen technischen Aufwand brauchen wir auch bei fast allen Biotoppflegemaßnahmen und: in dauernd gepflegten Biotopen laufen die ökologischen Prozesse, die Wasser, Boden und Luft sauberhalten, nicht mehr normal ab. Daher wird man im allgemeinen versuchen müssen, in Naturschutzgebieten die ökologischen Prozesse und Sukzessionen laufen zu lassen und auf Pflegemaßnahmen zu verzichten. Man wird das jedoch nicht überall können, und es wird eine ausführliche Diskussion unter Fachleuten notwendig sein, um jeweils das Beste zu erreichen.

Ein bis vor kurzem nur unter Kennern beachtetes und als ungefährdetes Gebiet geltendes System ist das der

Salzwiesen und Watten entlang der Nordseeküste (und zu einem geringen Teil an der Ostseeküste). Wir müssen bedenken: das Wattenmeer ist ein extrem seltenes System auf dieser Erde. In den Tropen sind entsprechende Systeme mit Wald bedeckt (Mangrove!), und fast überall ist die Meeresküste felsig wie etwa am Mittelmeer. Weichbodenküsten sind selten. Wattengebiete wie die unsrigen gibt es nur in den Vereinigten Staaten von Amerika und auch dort nur in geringerem Maße als bei uns.

Ursprünglich, ehe der Deichbau des Menschen begann, reichte der Wechsel von Ebbe und Flut an den Flußläufen tief ins Binnenland hinein, und hohe Fluten konnten tief im Binnenland Überschwemmungen zur Folge haben. So entspringt die Eider in der Nähe von Kiel und fließt durch ganz Schleswig-Holstein in die Nordsee. Entlang ihrem langsamen Lauf und dem ebenso trägen Fluß ihrer Zubringer Treene und Sorge war ein riesiges amphibisches Gebiet, und noch bei Kiel konnten Nordseefluten die Wiesenlandschaften überspülen. Wir wissen, daß in diesen Gebieten früher der Mornellregenpfeifer gebrütet hat. Heute beherbergt diese Landschaft den größten Bestand von Weißstörchen in der Bundesrepublik (Landschaft Stapelholm; Bergenhusen). Aber durch Deichbau, Entwässerung und den Eiderabschluß an der Nordseeküste ist das alles weitgehend vorbei. Ackerbau wird bis an den Fluß vorangetrieben. Im Vordeichgebiet in den Salzwiesen macht sich unsere extrem dichte Bevölkerung mit einem zunehmenden Tourismus bemerkbar, und gleichzeitig greift die Industrie nach diesen Landflächen und der „billigen Entsorgungsanlage", wohin das Abwasser geleitet werden kann. Die Nordsee als Dreckkübel der hochindu-

strialisierten europäischen Gemeinschaft muß immer
mehr an Schmutzwasser aufnehmen. So sind heute die
Salzwiesen und Wattenflächen mit ihrer einmaligen
Pflanzen- und Tierwelt aufs äußerste gefährdet. Die
Gründung zweier Nationalparks im Wattenmeerbe-
reich ist nach der bisherigen Gesetzeslage weitgehend
Augenwischerei, da die Gesetze nicht den internationalen Vorschriften für Nationalparks entsprechen und
wirtschaftliche Nutzung in ihnen keineswegs ausgeschlossen ist.

Neben der dort immer heimischen Tierwelt sind
Wattenmeer und Salzwiesen international bedeutsam
für Zugvögel. Sie stellen das größte Rast- und Über-
sommerungsgebiet für Strandläufer und ihre Verwandten der europäischen und asiatischen Tundrage-
biete auf der Welt dar. Eine Vernichtung der Watten
oder eine starke Einengung dieser Watten wird zu einer weitgehenden Vernichtung der Vogelwelt der
nordskandinavischen und der russischen Tundra führen müssen.

Damit sind wir bei einem besonderen Problem:
Deutschland hat für Skandinavien einen ähnlichen
Ruf des Vogelmordes wie für uns Italien. Durch unsere sehr dichte Bevölkerung, durch das Trockenlegen
riesiger Gebiete finden heute skandinavische Wasservögel bei uns kaum noch Überwinterungsmöglichkei-
ten. Wir sind schuld am Rückgang skandinavischer
und nordrussischer Wasservögel. Wir werden unsere
Schutzgebiete auch darauf einrichten müssen, daß diese Wasservögel im Winter bei uns eine ruhige Zone
finden. Es sei daran erinnert, daß in Nordamerika das
gleiche Problem gelöst wurde, indem in großem Maße Farmen aufgekauft, unter Naturschutz gestellt und
unter Wasser gesetzt wurden. Dies hob den Wasservo-

gelbestand Kanadas auf das alte Maß. Es brachte der Jägerschaft (die die Maßnahmen in der Hauptsache finanzierte) erheblich mehr an Jagdbeute (in den Nachbarbereichen der neuen Naturschutzgebiete) und verhinderte das Aussterben einer Reihe von Tierarten.

Hinzu kommt, daß bei uns überwinternde Enten für unsere aquatischen Ökosysteme überaus wichtig sind: sie fressen die im Sommer gebildete Pflanzensubstanz, die sonst im Winter in das Wasser sinken würde, hier verfaulen würde und damit für Sauerstoffarmut oder gar für das Fehlen von Sauerstoff in der Tiefe des Gewässers verantwortlich wäre. Bei einem solchen Fehlen von Sauerstoff gehen bekanntlich alle Fische eines Gewässers ein. Für das normale Ablaufen der ökologischen Prozesse sind also solche nordischen Überwinterer bei uns dringend notwendig.

Und: Naturschutz ist auch eine Sache der Politik und des Zusammenlebens der Völker.

SCHUTZ VON NICHT MEHR BEWIRTSCHAFTETEM LAND In den letzten Jahren habe ich immer wieder Vorträge vor Gärtnern, Jägern und Landwirten gehalten. Immer wieder beeindruckte mich eines: die Verständnislosigkeit dieser Menschen für die Forderung, ein Stück Land aus der Produktion zu nehmen, es einfach unbearbeitet zu lassen. Keinen materiellen Gewinn aus diesem Land zu ziehen, sondern zuzusehen, was geschieht. Verständnislosigkeit gleicher Art begegnet uns immer wieder gegenüber der Frage von Brachland, und diese Verständnislosigkeit wirkt tödlich, zerstört unsere Zukunft, wenn wir vor dieser Verständnislosigkeit politisch kapitulieren und großräumige Naturschutzgebiete infolgedessen nicht anlegen in einer Zeit, wo zuviel bei uns produziert wird und wo es gilt, zum letzten Mal Land für den Naturschutz zu retten. Hier liegt eine ungeheure Aufgabe der Erziehung zum Naturschutz, wir müssen lernen wach zu sein gegenüber unseren Umweltproblemen, die bisher nicht entfernt gelöst sind.

Dies Kapitel enthält eine subjektive Auswahl von verschiedenen Arten und Lebensräumen, die wir bei uns schützen müssen. Man sollte diese Liste grundsätzlich nicht als vollständig betrachten. Es gibt entscheidend wichtige Lebensräume außer den hier genannten, und es gibt natürlich unendlich viele Arten außer den genannten Arten, die dringend eines Schutzes bedürfen. Und schließlich: fast alle unsere Pflanzen- und Tierarten sind schutzwürdig, besonders wenn sie nicht in Naturschutzgebieten leben. Die Frage ist nun, wie man einen solchen Schutz erreichen kann.

WIE Wie kann der Naturschutz seine Aufgaben erfüllen? Welche Methoden sind im Lauf der Zeit entwickelt worden und wo können sie eingesetzt werden?

ARTENSCHUTZ Der Naturschutz begann, als verantwortungsbewußte Menschen erstmalig sahen, daß Tiere und Pflanzen unserer Heimat zunehmend verschwanden. Es waren spektakuläre Arten – Edelweiß, Stein- und Seeadler, weißer und schwarzer Storch, Kranich, Trollblume, sibirische Schwertlilie, Frauenschuh und Türkenbund. Die Menschen machten darauf aufmerksam, dann gab es die ersten Schutzbestimmungen; das Sammeln der Blumen für den Handel, dann das Sammeln der Blumen überhaupt und

schließlich die Jagd auf bestimmte Tierarten wurden
verboten. Wir bezeichnen diese Methode des Naturschutzes heute als den Artenschutz.

Heute sind Naturschützer vielfach enttäuscht über
seine Wirkung – aber die Wirkung ist nicht hoch
genug einzuschätzen. Vor 50 Jahren noch hatten
jeder dörfliche Haushalt und viele städtische Haus-
halte ein Gewehr für die Spatzenbekämpfung im
Schrank stehen, und schon bei Wilhelm Busch sehen
wir, daß der Nachbar die Spatzen totschießt. Es galt
als selbstverständlich, es galt als notwendig, daß
man mit einem Schrotgewehr oder einem „Tesching"
gegen die Vögel vorging, die im Garten oder im Feld
vorgeblich Schaden anrichten. Wir wissen heute,
daß dies auf der einen Seite unnütz ist, auf der
anderen Seite die Vögel scheu macht und daß schließlich auch Unfälle in nicht geringer Zahl auf diese
Weise geschehen. Seitdem letztes Endes durch die
Arbeit des Artenschutzes dies nicht mehr als „notwendig", nicht mehr als „in" gilt, wandern Ringeltau-
ben, Elstern, sogar mancherorts Baumfalken (Berlin), in Orte und Gärten ein, und man wird mit
dem Schaden in den Gärten auf andere Weise leicht
fertig.

In Ländern, wo dieser Gedanke des Vogelschutzes
die Menschen noch nicht erfaßt hat, wandert man
durch eine völlig tierleere Landschaft. Das ist auf
Grönland so, wo die Kinder der Eskimos sich im Jagen üben, indem sie mit Gewehren auf alles Lebendi-
ge in der unmittelbaren Umgebung der Siedlung Jagd
machen. Das ist bei relativ kleinen Siedlungen an der
Ostküste von Grönland genauso der Fall wie bei den
großen städtischen Siedlungen mit Hochhäusern an
der Westküste (Nuuk): Die Siedlungen sind umgeben

von herrlicher Tundra, aber man sieht kein Tier, man findet nur in großer Zahl Patronenhülsen in der Vegetation liegen. Das gilt in gleicher Weise natürlich auch in tropischen Gebieten. In der Nähe der 12-Millionenstadt Buenos Aires vereinigen sich die Riesenflüsse des Parana und des Rio Uruguay zum Rio de la Plata; im Vereinigungsgebiet haben wir ein Delta von mehr als 100 qkm Feuchtland. Hier stehen unendlich viele Wochenendhäuser, Clubhäuser, Vereinshäuser von Segelvereinen und Rudervereinen, und man kann mit einem Motorboot die Kanäle durchfahren. Ich habe das getan, aber ich habe während einer vielstündigen Fahrt nur einen einzigen, sehr scheuen Reiher gesehen und sonst nichts an Vögeln – von ein paar sehr kleinen, sehr scheuen Individuen abgesehen, die ich nicht so schnell und auf so große Entfernung identifizieren konnte. Patronenhülsen gibt es mehr.

Der Artenschutz hat also dort Erhebliches bewirkt, wo dem Menschen klar gemacht wurde, daß ein Vernichten der Vögel sinnlos, schädlich und ethisch nicht vertretbar ist, und wo allein diese vom Menschen geleistete Vernichtung für den Rückgang der Vögel verantwortlich ist. Diese bei uns in den letzten 50–80 Jahren erreichte Haltung zu verbreiten, ist jetzt eine hervorragende Aufgabe des Artenschutzes. Dem stehen allerdings eine Fülle von Punkten entgegen, die sich unbemerkt bei uns eingeschlichen haben. Hier ist zum Beispiel die Katzenhaltung zu nennen. Katzen brauchen keine Singvögel zu fangen: In einem Garten, wo sich Katzen regelmäßig aufhalten, wird man keine Vögel mehr antreffen. Das können ruhig ungeschickte Stubenkatzen sein: Der Vogel kann dies ja nicht erkennen.

Vogelphotographen sind heute für selten gewordene Tierarten aufs äußerste gefährlich – denken wir an Jagdfalk, an Schnee-Eule, an Auer- und Birkhühner, an Kranich und Schwarzstorch. Es gibt so viele Photos von diesen Tieren: Warum muß man selber ein solches machen? Es ist heute ein größeres Verdienst, kein Foto von diesen Tieren zu besitzen, als ein neues und vielleicht besonders schönes zu machen.

Auch aus diesem Grunde werden heute die Nester all dieser Arten rund um die Uhr bewacht, und Vogelphotographen ebenso wie Eiersammler oder Falkner werden zur Anzeige gebracht.

Eine besondere Bedeutung spielt der Artenschutz zur Zeit in Afrika, in Süd- und Mittelamerika sowie in Südasien. Die Lebensräume der hier vorhandenen Tiere schrumpfen mit rasanter Geschwindigkeit, und gleichzeitig sind eine Fülle von Tieren einem extremen Abschuß ausgesetzt, trotz aller internationalen Schutzbestimmungen. Nashörner werden in Afrika rücksichtslos gewildert, so daß heute vernünftige Populationen nicht mehr im Zentrum der einstigen Verbreitung in Uganda, Tansania und Kenia existieren, sondern nur noch am Rand der Verbreitung dieser Arten in Südafrika, wo der Schutz funktioniert. Weil ein Dolch, dessen Griff aus dem Horn eines Nashorns gefertigt wurde, seinem Träger im Jemen unüberwindliche Kraft verleiht, und weil dieses Horn, zu Pulver gemahlen, als Aphrodisiakum in Asien gilt, bringt noch heute das Horn eines Nashorns einem Wilderer mehr Geld ein, als ein Wildhüter das ganze Jahr über bekommt. Internationale Schutzorganisationen bemühen sich, für Ersatzmittel zu sorgen, deren es genug auf dieser Erde gibt. Menschenaffen werden auf diese

Weise illegal weltweit gehandelt. Der Wilderer bekommt sie nur, wenn er die Eltern und meist auch den Rest der Gruppe abschießt, wenn er ein Junges haben will. Meeresschildkröten, Elefanten (Elfenbein!), große Raubkatzen wie der Tiger, in der Arktis Walrosse, gehören ebenso hierher. Das gleiche gilt für die Papageien der Tropen.

Aus diesem Grunde ist das Washingtoner Artenschutzabkommen geschlossen worden, dem inzwischen alle wichtigen Kulturnationen beigetreten sind. Es besagt, daß seltene Pflanzen und Tiere sowie ihre Teile (etwa Stoßzähne von Elefanten) nicht mehr über Grenzen gebracht werden dürfen und an jeder Grenze ersatzlos einzuziehen sind. Ausnahmen können nur mit einer speziellen Genehmigung der Behörde des Herkunftslandes gewährt werden (so exportiert Südafrika, wo der Elefantenbestand noch immer sehr groß und völlig ungefährdet ist, legal Elfenbein in genau kontrollierter Menge, und dies Elfenbein ist wohl das einzige, welches derzeit legal auf dem internationalen Markt ist).

Starke Diskussionen unter Naturschützern löst immer wieder die Frage aus, ob man eine in einem bestimmten Gebiet ausgestorbene Art hier wieder ansiedeln kann und ob man sie wieder ansiedeln sollte. Man muß ja dann Individuen dieser Art aus anderen Regionen hierher bringen und hier freilassen. Die Gegner solcher Freilassungen argumentieren im allgemeinen wie folgt:

1. An den Stellen sollte geschützt werden, wo die zu schützenden Organismen leben. Sie hier einzufangen und an einen anderen Platz zu bringen widerspricht dem Gedanken des Schutzes. Die Individuen haben ja vermutlich an den Stellen, an denen man sie

einfängt, überlebt, weil es ihnen dort besonders gut geht. Warum sie von dort wegholen?

2. Das Freilassen von Organismen in einem fremden Raum stellt immer ein Risiko für diese Organismen dar. Sie müssen sich plötzlich in einem völlig fremden Gebiet behaupten, oder sie werden untergehen. Tatsächlich sind die Erfahrungen sehr unterschiedlich. Bei Pflanzen hat man sehr wenig Erfahrungen, bei Tieren (bisher liegen wohl nur Erfahrungen bei Säugetieren und Vögeln vor) ist die Verlustquote unmittelbar nach dem Aussetzen außerordentlich hoch.

3. Organismen haben sich im Lauf der Evolution an ihren Lebensraum angepaßt. Bei vielen Organismen läßt sich aufgrund ihres Aussehens sehr genau sagen, von welchem Ort sie stammen. Bei einem Transfer in ein neues Gebiet kommen die Organismen also in ein Gebiet, an das sie notgedrungen nicht optimal angepaßt sind.

4. Ein solcher Transfer kann immer nur relativ wenige Individuen umfassen. Es muß daher zu Inzucht mit all den bekannten Schäden von Inzucht kommen. Genetiker haben ausgerechnet, daß ein Mindestbestand von 600 Tieren, die im genetischen Austausch stehen, notwendig ist, um Inzucht zu vermeiden.

Diese Punkte müssen im einzelnen besprochen werden.

Beginnen wir mit dem letzten Punkt. Über diesen wissen wir anscheinend am wenigsten. Die theoretische Rechnung der Genetiker ist auf der einen Seite sicher richtig. Aber auf der anderen Seite gibt es ebenso theoretische Aussagen von Genetikern, daß bei Vorliegen eines guten genetischen Materials das beste Mittel zum Überleben Inzucht ist. In einem solchen

Fall würde man also mit sehr kleinen Anzahlen auskommen. Dafür gibt es eine Reihe von Beispielen.

Die Nacktmulle Ostafrikas leben in Kolonien, in
denen sich immer nur ein Männchen und ein Weibchen fortpflanzen. Die meisten Individuen kommen
nie zur Fortpflanzung, und ein Austausch zwischen
den Kolonien erscheint nach derzeitiger Kenntnis
nicht möglich. Inzucht ist daher normal. Das gleiche
gilt höchstwahrscheinlich für die Zwergmungos Ostafrikas, wo auch die einzelnen Familien fast nie genetische Ergänzung durch eine andere Kolonie erhalten
und wo sich ebenfalls nur das stärkste Weibchen mit
dem zugehörigen Männchen paart. Die anderslautenden Berichte über den Geparden, von dem angegeben
wurde, daß infolge Inzucht im Labor wie im Freiland
ein erheblicher Teil der Jungtiere stürbe, haben sich
als falsch herausgestellt. Die Wissenschaftler hatten
schlechtes Futter für ihre Versuchstiere gewählt. Freilanderfahrungen und andere Versuchsgruppen zeigen,
daß der Gepard auch bei Inzucht hervorragend gedeiht. In dieser Richtung sprechen auch andere Befunde. Alle Goldhamster in allen Labors dieser Erde und
in Kinderhand stammen von einem Weibchen mit ihren Jungtieren ab, das in der Nähe von Aleppo aus einem Bau ausgegraben wurde. Die Millionen von Tieren, die heute überall auf der Erde in Menschenhand
leben, zeigen keine Inzuchterscheinungen. Das gleiche
gilt bei der im vorigen Jahrhundert üblichen und später bis fast in unsere Zeit normalen Ansiedlung exotischer Tierarten in anderen Lebensräumen. Die Hasen
Argentiniens, die dort sehr häufig sind, stammen von
einer Handvoll Tiere ab, die im vorigen Jahrhundert
hierher gebracht wurden. Die Bisamratten, die heute
ganz Europa besiedelt haben, stammen von etwa

124

10 Individuen, die nach Böhmen gebracht wurden. Ähnliches gilt für Hirsche und Elche in Neuseeland, den Biber in Feuerland, Esel in Australien und Nordamerika, Kamele in Australien und viele andere mehr. Auch bei Vögeln haben wir die gleichen Effekte. Die sieben häufigsten Vogelarten im Stadtgebiet von Auckland auf Neuseeland sind Europäer – und von jeder wurde weniger als eine Handvoll Individuen hierher gebracht. Auch die Spatzen und Stare, die nun in Nordamerika ein Problem darstellen, sind Abkömmlinge von ganz wenigen Individuen.

Offenbar sind die Tiere, die im Freiland der allgemeinen Selektion unterliegen, in ihrem genetischen Material so hervorragend angepaßt, daß Inzucht eine vernachlässigbare Rolle spielt. Das gilt insbesondere dann, wenn die Tiere nach dem Einfangen relativ bald wieder in eine Gegend kommen, wo sie der Selektion unterliegen. Diese Selektion braucht offenbar nicht unbedingt Feinddruck zu sein, wie das etwa beim Kaninchen in Australien deutlich ist, denn Feinde hatte dieses Tier hier zunächst ebensowenig wie die Hasen in Argentinien oder wie die Hirsche in Neuseeland. Auch die Singvögel in Neuseeland haben dort erst später einen Feind erhalten (aus Europa eingeführte Wiesel), die aber gerade in den Gartengebieten der Städte, wo die europäischen Vögel eine Rolle spielen, kaum in Erscheinung treten. Tatsächlich ist kein Fall bekannt, wo infolge von Inzuchterscheinungen eine ausgesetzte Population zusammengebrochen ist. Offenbar hat man dieses Problem im Freiland überschätzt. Man muß sich darüber im klaren sein, daß fast alle Säugetiere im Freiland in Sozialverbänden leben: Hirsche, Wölfe, Antilopen, Löwen und Wildschweine in gleicher Weise. In all diesen Gruppen findet eine verhältnismäßig starke Inzucht schon normalerweise statt, da immer nur die Leittiere zur Fortpflanzung kommen. Man kann davon ausgehen, daß mehr als ¾ der im Freiland lebenden Säugetiere infolge ihrer Gruppenstruktur schon normalerweise nie in ihrem Leben zur Fortpflanzung kommen. Lassen wir also den genetischen Punkt beiseite, weil die praktischen Erfahrungen in anderer Richtung sprechen.

Schwerer wiegt das Argument, daß man Organismen in einer Gegend freisetzt, wo sie kaum Überlebenschancen haben. Säugetiere und Vögel kennen ja ihr Revier, die Gegend in der sie leben, sehr genau, und dies sichert ihr Überleben. Setzt man eine Maus, ein Wiesel, ein Reh bei uns irgendwo aus, so ist dessen Überlebenschance gleich Null, weil das Tier die Reviere von Artgenossen stört, von den eigenen Artgenossen sehr stark gehetzt wird, bis es schließlich stirbt oder an den Rand des möglichen ökologischen Verbreitungsgebietes gejagt wird, wo es dann auf andere Weise zugrunde geht. Die so ausgesetzten Tiere haben auch normalerweise keine Erfahrungen mit den Bedingungen der Industriewelt. Lassen wir also Biber aus Zentralrußland bei uns frei, so sterben die meisten auf unseren Autostraßen.

Der Preis für Freilassungen ist also automatisch hoch. Wenn man überhaupt Erfolge haben will, wird man daher bei uns normalerweise viele Tiere langsam an Freilandbedingungen gewöhnen müssen (große freilandähnliche Käfige, Vermeiden eines jeden Gesichtskontakts zum Menschen, nach Möglichkeit Aufzucht durch bereits im Freiland lebende Tiere). Ferner wird man mit einer relativ großen Zahl ausgesetzter Individuen rechnen müssen.

Ein typisches Beispiel ist der Uhu, der ja im Zoo hervorragend züchtet und von dem daher Jungtiere zur Freilassung unbegrenzt zur Verfügung stehen. Es sind aber vermutlich weniger als 1% der freigelassenen Tiere, die sich im Freiland halten können. Nur durch extrem vorsichtiges Auswildern von Uhus aus sehr großen freilandähnlichen Volieren kann man etwas günstigere Resultate erzielen (inzwischen ist der Uhubestand in Deutschland wieder auf einer Höhe angelangt, der weitere Freilassungen schon aus Tierschutzgründen unsinnig macht).

Freilassungen von Haustieren wie Nerzen durch extreme Tierschützer sollten nach dem Tierschutzgesetz als Tierquälerei bestraft werden, denn von allen diesen Tieren hat keines eine Chance, im Freiland existieren zu können.

Zusammengefaßt: Im allgemeinen sind bei uns die Verluste beim Auswildern von Tieren sehr groß. Nur wo viele Tiere über Jahre zum Auswildern zur Verfügung stehen und wo der Lebensraum sehr genau paßt, sollte daher dieser Schritt unternommen werden.

Ein paar Beispiele für komplizierte Lebensraumansprüche mögen dies beleuchten. Auerhühner beispielsweise brauchen für ihr Leben alte große tote Bäume (der Hahn zum Balzen), Lichtungen (der Hahn für die Bodenbalz), Haufen der Roten Waldameise (unbedingt nötiges Futter für die Küken), Dickungen (für das Brutgeschäft) und Nadelbäume (als Winterfutter). Solche Wälder, die all dies nebeneinander bieten, sind eigentlich Urwälder; nur manche Bauernwälder erinnern noch daran. Ein moderner Forst sieht ganz anders aus, und das Aussetzen von Auerhühnern in so modernen Forsten hat keinerlei Aussicht auf Erfolg.

Beim nahe verwandten Haselhuhn kommt etwas anderes hinzu: Haselhühner leben im Gegensatz zum Birkhuhn und Auerhuhn paarweise. Die Partner stehen dauernd in einem sehr leisen, kaum hörbaren Stimmkontakt. Das gilt besonders, wenn die Küken geschlüpft sind. Die Familie hat dann einen dauernden, sehr leisen Stimmkontakt untereinander. Dieser Stimmkontakt aber ist überaus wichtig, weil nur so Warnungen vor Feinden möglich sind. Verständlicherweise kann ein so leiser Stimmkontakt durch einen dauernden Geräuschpegel leicht gestört werden. Unsere dicht besiedelte Landschaft mit ihrem unglaublichen Motorenlärm hat fast nirgendwo Stellen gelassen, wo man nicht einem dauernden Geräuschpegel der Zivilisation ausgesetzt ist. Achten Sie einmal darauf: Gibt es irgendwo eine Tageszeit, einen Tag, wo Sie nicht doch einen konstanten Geräuschpegel aus Motoren hören können? (Ähnlich ist das mit einem solchen Faktor bei vielen Meerestieren. Sie synchronisieren ihre Fortpflanzung mit Hilfe des Mondlichtes. Vollmond und Neumond wechseln ja regelmäßig miteinander ab. Sie bewirken einen regelmäßigen Wechsel der allgemeinen Nachthelligkeit. Dieser wirkt als Zeitgeber für die Fortpflanzung der Meerestiere. Genügend hellstrahlende Lampen entlang des Ufers stören die Fortpflanzung der Meerestiere, und sie verschwinden. Forscher pflegen hier vielfach von „Lichtverschmutzung" zu sprechen.)

Ein anderer Fall: Das Aussetzen von Störchen hat bei uns praktisch keinerlei Aussicht auf Erfolg, solange nicht gleichzeitig Quadratkilometer große froschreiche Naßwiesen geschaffen werden. Da dies faktisch nicht der Fall ist, muß man wohl mit dem Aussterben des Storchs in Deutschland rechnen – es sei denn, es werden in letzter Minute die notwendigen, sehr ausgedehnten Naßwiesen doch noch der intensiven Landwirtschaft entzogen. Hinzu kommt etwas anderes: Für Neueinbürgerungen hat man vor allen Dingen in Frankreich Störche aus Algerien verwendet, die zwar so aussehen wie unsere Störche, aber im Winter nicht in wärmere Breiten abziehen. Das ist eigentlich nur Tierquälerei und hat nichts mit Naturschutz zu tun.

So bleibt noch das erste Argument: Warum holen wir die Tiere von einer Stelle weg, an der sie offensichtlich gut gedeihen, um sie dann anderswo wieder auszusetzen? Die Antwort ist ganz einfach: Dem Menschen bleibt faktisch keine andere Wahl. Soll man bei Neubaustrecken von Verkehrswegen einfach die Organismen aufgeben, oder soll man versuchen, sie doch in einem nahegelegenen Naturschutzgebiet anzusiedeln? Soll man nicht versuchen, die Insekten, die hier leben, doch vielleicht an anderer Stelle hochzubringen? Soll man, wenn man nichts Passendes hat, vielleicht diese Pflanzen und Tiere zunächst in einem Botanischen Garten, in einem Tierhaus so lange — eventuell über mehrere Generationen — halten, bis man eine passende neue Stelle gefunden hat? Soll man tatsächlich, wenn der Naturschutz schon an einer Stelle hat aufgeben müssen, auch die einzelnen Pflanzen und Tiere dann mit aufgeben?

Dies ist doch die Situation, vor der die Naturschützer standen, als sie die letzten Reste der amerikanischen Bisons aufkauften und über die Zwischenstation Zoo in ein Schutzgebiet brachten, in dem sie sich wieder vermehren konnten. So ist doch auch der Weg mit dem Wisent gelaufen, obwohl es bis heute kein wirklich ausreichendes Schutzgebiet gibt, den amerikanischen Bisonschutzgebieten vergleichbar, wo Wisente faktisch in freier Natur leben können. Das berühmte Gebiet von Bialowies ist heute durch die polnisch-russische Grenze in zwei Hälften geteilt. Jede ist nur wenig größer als 100 qkm, und das reicht für das zentrale Wisentschutzgebiet dieser Art kaum aus. Tiere wären heute durch Zucht in Zoos wohl genügend vorhanden, um einen zweiten großen Nationalpark zu bestücken. Auch der Auerochse, der Vorfahre unseres Hausrindes, war bei uns, und es lebte bei uns das Wildpferd. Man hat versucht, beide aus vorhandenen primitiven Hausrassen „zurückzuzüchten". Was verloren ist, ist verloren: Dieser Satz gilt zwar, aber man hat doch sehr ähnliche Typen erzielt, und es ist ja immerhin die gleiche Art wie der ausgestorbene Vorfahr. Es handelt sich um Tiere, die äußerlich den Vorfahren sehr ähnlich sind und die stoffwechselphysiologisch diesen Vorfahren auch sehr ähnlich sein dürften. Wir haben jedoch keinen Platz in dem reichen Mitteleuropa, wo wie zur Zeit des Nibelungenliedes die beiden großen Wildrinder unserer Heimat nebeneinander existieren könnten. Es wäre eine wichtige Aufgabe des Naturschutzes und eine Kulturaufgabe der europäischen Gemeinschaft, diese Tiere, die für unsere Kulturgeschichte so wichtig sind, wieder in Nationalparks frei leben zu lassen – aber diese Nationalparks müßten wohl deutlich mehr als 100 qkm groß sein.

Tatsächlich hat der Mensch ja sehr viele Organismen so stark dezimiert, daß jetzt als letzter möglicher Verzweiflungsakt die Umsiedlung für ihre Erhaltung angezeigt erscheint. Zwei Extremfälle sind der Buntbock Südafrikas und der kalifornische Kondor. Der Buntbock galt als ausgerottet, jedoch lebten auf einigen Farmen noch einzelne isolierte Stücke. Man kaufte einige Farmen in Südafrika auf, die noch viel natürliche Vegetation hatten, zäunte sie als Nationalpark ein, fing die übriggebliebenen Buntböcke und siedelte sie nach hier um. Der Erfolg war miserabel. Es stellte sich heraus, daß der Buntbock offenbar andere Ansprüche an Temperatur und Feuchtigkeitsbedingungen stellte. In einer anderen Gegend wurde wiederum durch Aufkaufen von Farmen ein großes Gebiet als Nationalpark geschaffen, der Bestand eingefangen und am neuen Platz freigelassen. Hier hat sich der Bestand gut erholt und vermehrt. Der Bestand ist so groß geworden, daß man inzwischen Buntböcke an andere Stellen umsiedeln konnte, so daß sie wohl auch nicht mehr durch eine plötzlich auftretende Krankheit gefährdet werden können. Ganz ähnlich liegen die Dinge beim kalifornischen Kondor, der trotz aller Schutzmaßnahmen immer stärker zurückging. Nun sind alle überlebenden Vögel eingefangen worden und werden in Gefangenschaft weitergezüchtet. Hier kann man höhere Eiproduktionen erzielen, die Eier in Brutkästen erbrüten und die Jungen so aufziehen, daß faktisch keine Verluste auftreten. Erst wenn man in Gefangenschaft wieder einen großen Bestand herangezüchtet hat, soll es zu einer Auswilderung im richtigen Lebensraum mit großen Flugkäfigen als Übergangsmethode kommen. Dies ist allerdings die letztmögliche Alternative. (Der gelegentlich geäußerte Gedanke, man könne gentechnologisch Tierarten in Reagenzgläsern aufbewahren, mag theoretisch zutreffen. Da das Ziel des Naturschutzes jedoch sein muß, nicht irgendwelche merkwürdigen Chromosomensätze in Reagenzgläsern lebend zu erhalten, sondern die natürlichen ökologischen Prozesse am Leben zu erhalten, ist dies für den Naturschutz kein Thema.)

Zusammengefaßt: Die Umsiedlung von Individuen in andere Gebiete ist bei Säugetieren und Vögeln heute ein weitgehend gelöstes Problem. Sie sollte jedoch sehr vorsichtig, nur sehr fachmännisch und nur dort angewandt werden, wo wirklich keine andere Möglichkeit mehr besteht. Auch eine Gefangenschaftshaltung über mehrere Generationen erscheint durchaus sinnvoll. Im Prinzip aber sollte der erste Versuch immer sein, durch Schutz der Lebensräume den Bestand gefährdeter Arten in diesen Lebensräumen wieder zu heben.

Wie schwierig Umsiedlungen von Pflanzen sind, mußten die Amerikaner beim Versuch, einen Prärienationalpark zu schaffen, erfahren: In den USA hat in den Schwarzerdegebieten die sogenannte Hochgrasprärie völlig landwirtschaftlichen Produktionsflächen weichen müssen. Man ist jetzt dabei, nach Aufkauf entsprechender Farmen wieder einen Nationalpark in dieser Präriezone zu schaffen. Diese Pflanzen, die hier natürlicherweise wachsen und die man geneigt ist, für ein Unkraut zu halten, erweisen sich als überaus schwierig in der Ansaat, in der Haltung. Die Wiederansiedlung einer Prärie scheint fast eine Sache der Unmöglichkeit zu sein. Botaniker haben unendlich viel lernen müssen und müssen noch immer lernen bei der Wiederherstellung der Prärie.

ARTENSCHUTZ ALS SCHUTZ DES LEBENSRAUMES – AUCH VOR DEM MENSCHEN Man hat dem Naturschutz oft vorgeworfen, sein Interesse zu sehr auf Seltenheiten und spektakuläre Arten auszurichten (Orchideen, Lilien, Schwarzstörche). Dieser Vorwurf ist richtig und falsch. Aber: Die rasch erkennbaren auffälligen großen Pflanzen und Tiere, mit denen der Naturschutz argumentiert, sind nicht nur relativ leicht entdeckbar, sie sind nicht nur bedroht, sondern sie sind vor allen Dingen Indikatoren für eine gesamte naturschutzrelevante Konstellation von Landschaft, Vegetation und Fauna. Wo schwarze Störche brüten, kann der erfahrene Biologe auf eine Fülle von anderen Gegebenheiten schließen. Es muß sich um ein großes Gebiet mit viel Wald handeln, mit vielen flachen Teichen mit Amphibien. So sind auch die Libellen von vornherein in großer Zahl anzunehmen. Man wird auch eine Fülle selten gewordener Pflanzen schlicht aus dem Vorkommen von Schwarzstörchen herleiten können.

Ein ganz besonderes Problem stellen die Fische dar. Durch die Verschmutzung unserer Fließgewässer und Seen haben wir einen extrem hohen Zoll zahlen müssen. Rund die Hälfte der früher in Deutschland einheimischen Fische sind inzwischen bei uns ausgestorben. Keine andere Tiergruppe hat so viele Arten verloren. Das ist insofern bemerkenswert, als durchweg die Flüsse und Bäche und Seen seit einigen Jahrzehnten wieder deutlich sauberer werden, und weil gleichzeitig bei Fischen viel eher als bei anderen Wirbeltieren die Möglichkeit entwickelt wurde, die Tiere in Brutanstalten zu hältern, zur Fortpflanzung zu bringen und damit zu züchten. Es gibt jedoch das böse Wort, daß der Naturschutz in Deutschland an der Wasserlinie aufhöre, und es hat zu einem erheblichen Teil seine Berechtigung. In den natürlichen Gewässern, in Seen, Flüssen und Bächen sind die Fischereiberechtigten verpflichtet, den gefischten Bestand durch Einsatz von Jungfischen ungefähr auszugleichen. Dem wird auch willig überall nachgekommen, und so sind im allgemeinen (Ausnahmen bestätigen die Regel)

1. unsere Bäche, soweit es von der Wasserqualität her möglich ist, ebenso wie kleinere natürliche Gewässer, mit Fischen überbesetzt. Eine so hohe Dichte ist im Freiland nie gegeben. Dabei werden nutzbare Fische in die Gewässer eingesetzt – ein Verfahren, welches bei speziellen Fischteichen akzeptabel ist, welches jedoch nicht in natürlichen Gewässern erlaubt werden kann, da auf diese Weise die Wirbellosenfauna der Gewässer vernichtet wird und dauernd zugefüttert werden muß.

2. die Gewässer bestockt mit Fischarten, die sehr gut nutzbar sind, wie beispielsweise die Regenbogenforelle, die bei uns nicht einheimisch ist.

Durch alle diese Maßnahmen ist unsere Fischfauna so verarmt und verfälscht, wie das weder für Pflanzen noch für andere Tiergruppen Mitteleuropas gilt. Die Aktionen stützen einen übergroßen Bestand an leicht nutzbaren Fischen und schädigen weniger gut nutzbare einheimische Fische. Faktisch ist hier gesetzlich eine Faunenverfälschung vorgeschrieben, die am Lande nicht möglich wäre: Bei jeder Ansiedlung oder Umsiedlung von Landtieren ist (mit Recht!) ein komplizierter Genehmigungsweg durch die Behörden zu durchlaufen: unter Wasser gilt das alles nicht.

So werden neuerdings in großem Maße chinesische Graskarpfen in unsere Gewässer eingesetzt. Diese können sich zwar bei uns offenbar nicht fortpflanzen, sie sind jedoch sehr langlebig. Ihre Wirkung besteht in einem nahezu vollständigen Abfressen der gesamten Vegetation eines Gewässers, damit kann Angelsport hier sehr viel einfacher betrieben werden als in natürlichen Gewässern, da sich die Haken nicht in Schwimmpflanzen festhängen können. Die Produktion eingesetzter Fische für den Angelsport ist wesentlich überschaubarer in natürlichen Gewässern. Auf der anderen Seite werden durch diese Graskarpfen Frösche, Kröten und Molche ihrer Existenzgrundlagen beraubt, und selbst „Allerweltsvögel" wie Teichhühner, Bleßhühner oder Zwergtaucher verschwinden völlig, da sie keinen Nistplatz mehr finden und da sie auch keine Nahrung mehr bekommen. Schließlich verschwinden auch Insekten. Das bedeutet für die Fischerei kein Problem, da sowieso zugefüttert wird.

Sehr wahrscheinlich spielt das Zusetzen fremder Fische auch eine Rolle beim Aussterben der Flußperlmuschel. Die Flußperlmuschel war ja früher sehr häufig, und sie hatte als Perlenlieferant eine große wirtschaftliche Bedeutung. In der Lüneburger Heide gibt es viele aus Tausenden von Perlen gestickte Wandteppiche in den alten Klöstern. Heute existiert vielleicht in Mitteleuropa nur noch eine einzige sich normal fortpflanzende Kolonie der Flußperlmuschel in der Bundesrepublik, keine mehr in der DDR, keine in Polen, keine in Frankreich und vielleicht einige wenige in Spanien. (Etwas besser sieht es in Skandinavien und auf den Britischen Inseln aus. Allerdings ist auch dort der Bestand sehr gefährdet.) Die Muscheln haben extrem hohe Ansprüche an Wasserqualität und an das Substrat des Baches, in dem sie leben. Bei geringer Eutrophierung schon kann der Boden des Gewässers ganz leicht verschlammen, und das ertragen die Jugendstadien der Muscheln nicht. Wie alle großen Süßwassermuscheln machen auch die Flußperlmuscheln in ihrer Jugend ein Stadium durch, welches parasitisch an

Fischen lebt. Dies Stadium ist in Mitteleuropa streng an unsere Bachforelle gebunden (nicht einmal alle Stämme eignen sich!). Gerade aber diese werden selten, denn ausgesetzt werden durch die Fischereiberechtigten fast ausnahmslos Regenbogenforellen, die als größere und stärkere Tiere unsere Bachforellen aus bevorzugten Bachgebieten herauskonkurrieren. Das bedeutet das Ende der Perlmuscheln.

Der große Verlust an einheimischen Fischen hängt auch mit der zunächst unerwarteten Tatsache zusammen, daß speziell der Unterlauf der großen europäischen Ströme schon seit sehr langer Zeit durch den Menschen ruiniert wurde. Die Ströme wurden begradigt, ihr Lauf verlor die regelmäßigen Schlingen und Mäander. Es unterblieb der regelmäßige Wechsel von Hoch- und Niedrigwasser im Laufe der Jahreszeiten. Hier sammelte sich alles Gift, das in den Nebenflüssen und Oberläufen in den Strom geleitet wurde, und hier kam schon zu Beginn der Industrialisierung unendlich viel weiteres Gift hinzu. So ist gerade die Fauna der Unterläufe der großen Ströme Europas faktisch überall vollständig vernichtet. Im Rhein gab es eine Muschel, die zeitweise zu den Perlmuscheln gezählt wurde; sie ist vollständig verschwunden. Große Wasserinsekten (aus der Gruppe der Steinfliegen) sind uns nur in Museumsexemplaren aus dem Rheinmündungsgebiet und der Donau, die Ende des vorigen Jahrhunderts und zu Anfang dieses Jahrhunderts gesammelt wurden, bekannt. Das berühmteste Beispiel ist der Stör, der in Flußmündungsgebieten und wenig flußaufwärts im langsamen Strom aller europäischen Flüsse früher einmal laichte. Jeder weiß, daß sein Vorkommen heute faktisch vollkommen auf das Kaspische Meer beschränkt ist (wo heute die einzige Kaviarproduktion nennenswerten Ausmaßes besteht, und jeder weiß, daß Kaviar sehr teuer geworden ist). Aber auch hier gehen infolge der Industrialisierung an der Wolga die Bestände dauernd stark zurück und werden wohl nicht zu erhalten sein — ebenso wie das an Weichsel, Oder, Eider, Elbe, Weser, Rhein und Schelde schon geschehen ist.

Noch immer werden von Sportfischern Wettbewerbe durchgeführt, noch immer wird Fisch aus Gewässern geangelt, den man nicht einmal essen kann (wegen der Gewässerverschmutzung), und noch immer werden in solche Gewässer Fische eingesetzt (Unterelbe, Rhein, Main bei Frankfurt). Tierquälerei wird hier im großen Maß betrieben und nicht einmal als solche erkannt. Es reicht nicht aus, wenn Angelvereine gelegentlich ihre Gewässer säubern (zumal dabei sehr häufig der natürliche Uferbewuchs mit „weggesäubert" wird). Das Interesse des Naturschutzes und der dafür zuständigen Behörden muß sich zunehmend mehr auf die Vorgänge unterhalb der Wasserlinie konzentrieren. Ob dies zu machen ist, ist derzeit schwer zu entscheiden. Der Anblick eines klaren Baches mit Fischen, Forellen darin ist kein Indiz für einen funktionierenden Naturschutz und für eine heile Umwelt. Man muß sich darüber im klaren sein, daß es sich beim größten Teil unserer natürlichen Gewässer um industriell genutzte Gewässer handelt, welche mit Natur nichts mehr zu tun haben. Das gilt auch dann, wenn es sich nicht um eine chemische, sondern um eine Freizeitindustrie handelt. Man muß dies so deutlich sagen, weil an den natürlichen Gewässern Mitteleuropas heute die Berufsfischerei eine ganz untergeordnete Rolle spielt. Wo an solchen Gewässern Berufsfischerei Rechte hat, lebt der Berufsfischer ganz überwiegend von der kurzzeitigen Vergabe seiner Rechte an Sportfischer. Man kann hier also nicht mit Arbeitsplätzen argumentieren. Vielmehr haben wir unsere natürlichen Gewässer zu einem ganz großen Teil einer Freizeitindustrie, einem Sport zur Betreuung überlassen, der Faunenverfälschung und Tierquälerei in einem bisher völlig unbeachteten Maße betreibt.

ARTENSCHUTZ IST MÖGLICH UND NÖTIG Artenschutz ist vielfach an Stellen notwendig, wo man es in keiner Weise erwartet. Ein solches Beispiel möge diesen Teil abschließen. Das schnellste Raubtier der Welt, der Gepard, den wir in so vielen Afrikafilmen so bewundern, ist gerade in den von Touristen besuchten National-parks sehr gefährdet: Der Gepard ist so schnell, weil er nichts Überflüssiges bei seiner Jagd mit sich trägt. Er besitzt fast keine Reservestoffe, und nach 5–7 vergeb-lichen Verfolgungen einer möglichen Beute sind die Energievorräte seines Körpers völlig erschöpft und er muß verhungern. Oder: Wenn er an einer Beute von Touristen oder Hyänen gestört wird, so daß er diese Beute verläßt, ohne hier seine Körperreserven aufzu-füllen, so erleidet er das gleiche Schicksal. Das einfa-che Beobachten eines Gepards aus relativ geringer Entfernung oder das Verscheuchen der Beute bringen dieses Tier zum Aussterben. So empfindlich sind un-sere Tiere gegenüber kleinen Störungen, und so emp-findlich sind auch unsere Pflanzen gegenüber Tritt – und sei es nur der Tritt in der Nachbarschaft der Blu-me.

Bei seltenen Arten muß der Naturschutz berücksichti-gen, daß sehr starke Populationsschwankungen natür-licherweise auftreten können, die wir bis heute nicht erklären können. Wenn beispielsweise die Türkentaube nach dem zweiten Weltkrieg in einem unerhörten Siegeszug ganz Mittel- und Nordeuropa eroberte, wenn der Birkenzeisig, der bis vor 30 Jahren nur in Deutschland im Hochgebirge brütete, sich nunmehr plötzlich ausbreitet und bis Nordhessen ein Gartenvogel geworden ist, wenn der Eissturmvogel seit 1600 sich immer weiter nach Süden ausgebreitet hat und nun sogar auf Helgoland brütet, so müssen wir auf der anderen Seite auch annehmen, daß Tierarten und Pflanzenarten sich ebenso plötzlich aus uns bisher unerklärlichen Gründen zurückziehen können und daß diese Gründe nicht in menschlicher Aktivität liegen. Was hier für ein paar Spezialfälle gesagt wurde, gilt auch für unsere „Allerweltsvögel“. Der Bestand an Kohlmeisen oder Blaumeisen schwankt in Deutschland in jedem Jahr sehr stark. In einem Waldstück kann die Zahl der Brutpaare von Jahr zu Jahr etwa wie folgt verlaufen: 30/60/15/80/120/30/ 30/40, ohne daß dafür bisher wirklich befriedigende Erklärungen gegeben werden können. Es gibt Hinweise, daß diese starken Schwankungen mit der Zahl der Insekten in Skandinavien zusammenhängen und damit mit der Zahl der aus Skandinavien im Winter zu uns kommenden Meisen, aber das ist nicht sicher. Ähnliches gilt natürlich für Insekten, und ähnliches gilt auch für Pflanzen, die über viele Jahre so verborgen existieren können, daß sie nicht gefunden werden und dann plötzlich wieder da sind. Wichtig sind daher langfristige Kontrollen und nicht ein kurzfristiger Aktivismus, wenn irgendein Organismus einmal 1 oder 2 oder auch 3 Jahre wegbleibt.

BIOTOPSCHUTZ[*]. Aus all dem ergibt sich: Ein Artenschutz ist nur möglich, wenn für die betreffenden Arten auch ein Lebensraum mit einer vernünftigen Nahrungsbasis vorhanden ist. Schutz von Arten ohne Lebensraum mit genügender Nahrungsbasis kann nur für eine kurze Übergangszeit möglich sein. Mit dem Erhalten der Lebensräume für bestimmte Tiere aber ergibt sich etwas anderes: Die eine Art, die wir schützen, deren Bestand wir bewahren, etwa der Weißstorch, verlangt als Lebensraum ausgedehnte Naßwiesen mit Fröschen, Kleinfischen, mit Insekten (wie Libellen) und natürlich eine sehr charakteristische Pflanzenwelt. Die Art, die wir mit ihrem Lebensraum schützen, ist ein Indikator für eine Fülle anderer Dinge – wie eine Fülle anderer schützenswerter Arten. Wenn gelegentlich etwas abfällig über die Lieblingsarten des Naturschutzes gesprochen wird, so ist dies ein grobes Mißverständnis. Die Lieblingsarten des Naturschutzes sind leicht erkennbare, leicht in ihrem Bestand kontrollierbare Arten, die gleichzeitig Indikatoren sind für eine Fülle wichtiger anderer Pflanzen und

---

[*] Biotop ist die in der internationalen ökologischen Wissenschaft übliche Bezeichnung für das deutsche Wort Lebensraum. In der populären Diskussion wird dieser Begriff häufig falsch verwendet. Man kann keinen Lebensraum schaffen, denn jeder Punkt der Welt ist in irgendeiner Weise für irgendeine Organismenart, und sei es nur für ein Bakterium, ein Lebensraum. Fußbodenritzen können ein Lebensraum für die Larven von Flöhen sein, überdüngte und mit Pestizid übermäßig behandelte Äcker können ein Lebensraum für bestimmte Bakterien und Pilze sein. Wenn, in der Öffentlichkeit viel beachtet, ein „Biotop" geschaffen wird, handelt es sich meist um den Versuch, ein kleines Feuchtgebiet mit kleinen Teichen für Frösche und Molche anzulegen.

Tiere, die automatisch mitgeschützt werden. Diese Indikatorfunktion der zu schützenden Arten ist vielfach nicht gesehen worden, und sie kann nicht oft genug wiederholt werden. Der Biotopschutz bringt viel mehr als den Schutz der einen Art, auf die er sich häufig allein zu beziehen scheint.

Dieser Biotopschutz ist jedoch nicht einfach. Zunächst müssen ganz klar die Zielvorstellungen unter den verschiedenen, am Naturschutz interessierten Organisationen abgesprochen werden, und das Schutzziel muß dann klar und langfristig festgelegt werden. Das Schutzziel darf nicht leichtfertig hin- und hergeschoben werden. Ein Beispiel: Feuchte Wälder sind lange Zeit von der Forstverwaltung – zum Teil sogar mit Naturschutzargumenten – mit Fichten bepflanzt worden. Diese Fichten wachsen in ihrer Jugend hier sehr gut, sterben jedoch nach Erreichen eines gewissen Alters (15–40 Jahre) an Rotfäule. Später wurden solche Waldtäler vielfach aufgestaut, und es wurden hier – vielfach im Zeichen des Naturschutzes – Teiche errichtet. So erfreulich Teiche im Wald sind – hier finden sich dann Frösche, Kröten, Molche, vielleicht sogar der Schwarzstorch – so ist auf der anderen Seite gerade das Beseitigen von Feuchtwiesen zu beklagen, die heute wesentlich gefährdeter sind als kleine Waldgewässer.

Feuchtwiesen im Wald entstanden früher durch die Tätigkeit des Bibers, wie sie beim „Schutz ökologischer Prozesse" beschrieben wird. Man versucht also, nunmehr die Aufstauungen wieder zu beseitigen und wieder Feuchtwiesen zu erhalten. Bevor eine solche Kette in Gang gesetzt wird, sollte man sich darüber klar werden, daß – wie in diesem Beispiel – Fichtenforste nicht unbedingt naturschutzwürdig sind, daß

Waldteiche zwar interessant, aber nicht so naturschutzwürdig sind wie Waldwiesen, und man sollte sich darüber unterhalten, wie diese Wiesen zu erhalten sind. Davon weiter unten mehr.

Tatsächlich macht sich der Naturschutz gelegentlich unglaubwürdig, weil seine einzelnen Gruppierungen für ganz verschiedene Schutzziele öffentlich eintreten. Ein Niederungsmoor einerseits soll stärker verlanden (um Pflanzen bestimmter Arten Lebensmöglichkeiten zu geben), es soll andererseits ausgebaggert werden (um bestimmten Vögeln Platz zu bieten), es soll jeglicher Baumwuchs verhindert werden (um Wasser- und Ufervögeln mehr Möglichkeiten zu geben), und es sollen Weiden gefördert werden (um bestimmten Ufervögeln wie Beutelmeisen Platz zu geben). Hier muß der Naturschutz, bevor es zu einer endgültigen Diskussion mit den Behörden kommt und bevor Maßnahmen eingeleitet werden, zu einem langfristigen gemeinsamen Konzept kommen, welches auf ökologischen Analysen beruht.

Dabei zeigt sich schon: Der Biotopschutz ist heute weitgehend eine Domäne von Landschaftsgestaltern geworden und damit eine Domäne der Technik. Genau das sollte nicht der Fall sein. Wie beim Artenschutz gilt auch hier: Nur für ganz kurze Zeiten dürfen starke Eingriffe des Menschen mit seiner Technik im Naturschutzgebiet geduldet werden. Dann muß das Gebiet – und das ist vordringlich – ein Gebiet der Ruhe werden. Hinweise für Landschaftsgestaltung und Biotopgestaltung sind gut, aber ihre Durchführung darf sich nur auf einen kurzen Zeitraum beschränken. Zu sehr kommt sonst der Naturschutz in die Nähe von „Umweltdekorateuren".

Dabei besteht eine Schwierigkeit: Wir wissen, daß fast alle Landschaften Mitteleuropas natürlicherweise Wald tragen würden. Fast alle Naturschutzgebiete, sich selbst überlassen, tragen daher nach relativ wenigen Jahren dichtes Gebüsch und später Wald. Bei sehr vielen Naturschutzgebieten ist der Schutzzweck jedoch ein ganz anderer. Hier muß regelmäßig eine Biotoppflege durchgeführt werden, und diese Biotoppflege ist regelmäßig ein Stein des Anstoßes. Wann beispielsweise soll sie zur Verhinderung des Verbuschens eines Wiesengebietes durchgeführt werden? Im Herbst, wenn die Herbstzeitlosen blühen? Im Frühjahr, wenn die gefährdeten Vögel ihre Reviere anlegen? Im Winter, wenn hier die nordischen Durchzügler und Überwinterer einen ihrer wenigen Ruheplätze finden? Dies alles will bedacht werden, und es muß schließlich eine Antwort gefunden werden, die notgedrungen niemanden wirklich völlig befriedigt. Aber: Beim Biotopschutz muß man davon ausgehen, daß regelmäßige Pflegearbeiten in jedem Fall durchzuführen sind.

Es gibt nur ein Rezept, bei dem diese Pflegemaßnahmen entbehrlich werden: Das Gebiet ist groß genug, so daß die ökologischen Prozesse, die normalerweise in einem solchen Areal ablaufen, wirklich ungestört weiterlaufen können.

Naturschutzgebiete sollten daher möglichst so groß sein, daß Pflegemaßnahmen normalerweise entbehrlich sind. Biotopschutz sollte sich vor allen Dingen auf sowieso bewirtschaftete Landschaftsteile konzentrieren. Besonders wichtig bei allem Naturschutz ist ja die Notwendigkeit, außerhalb von Naturschutzgebieten Lebensmöglichkeiten für Pflanzen und Tiere zu schaffen. Die Erhaltung und Neuanlage von Hekken und Feldgehölzen in der Agrarlandschaft, die

Schaffung und Erhaltung von Feuchtbiotopen in der Agrarlandschaft, die Schaffung, Erhaltung und – nach einer gewissen Zeit – Auswechslung von Altholzinseln in der Forstlandschaft sind hier zu nennen. Es ist notwendig, daß in der intensiven Forst- und Agrarwirtschaft, in der wir leben und von der wir in unserem technischen Zeitalter leben, auch Lebensräume für Pflanzen und Tiere erhalten bleiben und daß diese Lebensräume Verbindungen untereinander aufweisen, miteinander „vernetzt" sind. Riesige hochintensiv bearbeitete Forsten oder Felder sind faktisch lebensleer. Wer wirklich Landwirtschaft und Forstwirtschaft kennt, weiß, daß es ohne diese Großbetriebe wirklich nicht mehr geht. Der Weg zurück zu kleinen landwirtschaftlichen Betrieben mit ausschließlicher Handarbeit ist nicht nur eine Illusion, sondern auch ein Verkennen der Möglichkeiten und eine völlige Unkenntnis der Tatsache, wie hart und schlimm landwirtschaftliche Handarbeit ist. Aber in dieser Zeit der Landnutzung dennoch den notwendigen Naturschutz zu planen, zu gestalten und sicher durchzuführen, ist die Hauptaufgabe des modernen planenden Biotopschutzes. Hier müssen Biologen nüchtern und aggressiv die Ziele des Naturschutzes vertreten, ohne die Existenz von Landwirtschaft und Forstwirtschaft aufs Spiel zu setzen. Extensivierung der Landwirtschaft darf dabei nicht das Schlagwort bleiben, das es heute ist. Das Herausnehmen von Grenzertragsböden aus der Produktion darf nicht nur ein Wort bleiben, und die Notwendigkeit von Hecken und Feldgehölzen in der Landschaft nicht nur für den Naturschutz, sondern auch für den technischen Umweltschutz und für die Landwirtschaft muß deutlich gemacht werden. Wir wissen heute: Große alte Hecken entnehmen dem Boden Wasser und werfen Schatten auf das Land. Gleichzeitig hindern sie sehr großzügige maschinelle Bearbeitung des Landes. Sie sind für den Landwirt daher in einer Zeit sehr harter Konkurrenz und in einer Zeit, wo man mit großen Maschinen sehr einfach solche Hecken beseitigen kann (was früher nicht ging) notgedrungen ein Ärgernis. Auf der anderen Seite wissen wir jedoch:

1. Eine alte große, aus vielen Pflanzenarten bestehende Hecke beherbergt eine große Fülle von Tieren, die heute zunehmend auf den Roten Listen der gefährdeten Arten auftauchen.

2. Unter diesen Tieren sind auch Schädlinge für den Landwirt; es überwiegen jedoch an Arten- und Individuenzahlen solche, die dem Landwirt gleichgültig oder sogar nützlich sind. Hierher gehören etwa Blütenbestäuber (erhöhen die Erträge bei Raps), Spinnen (verhindern Massenvermehrungen von Schadinsekten), Laufkäfer (verhindern ebenfalls Massenvermehrungen). Vor allem im Herbst, Winter und Frühling sind diese Tiere auf der sonst lebensfeindlichen und lebensleeren Erde unterwegs und sammeln beispielsweise die Eier von Schadinsekten auf. Mit solchen Hecken ist die Einsatznotwendigkeit von Pestiziden deutlich reduziert.

3. Die Wurzeln der Pflanzen einer solchen Hecke gehen tief in den Boden hinein. Sie fangen nicht nur das Wasser ab, sondern vor allen Dingen auch die Nährstoffe, die bei Überdüngung sonst in die Gewässer, ins Grundwasser absickern würden. Solche Hecken spielen damit eine große Rolle bei der Reinhaltung unseres Wassers.

4. Dies gilt insbesondere aber auch für das Abfangen von Schwermetallen, die heute bewußt oder un-

bewußt mit auf den Boden und in den Boden gelangen.

5. Hecken hindern die Erosion von Ackerflächen.

Man muß also bei der Anlage, bei der Erhaltung von Hecken versuchen, Notwendigkeiten gegeneinander abzuwägen. Der Gedanke zu Beginn des technischen Zeitalters, man käme viel besser ohne solche Hecken aus, hat die Rechnung ohne den Wirt gemacht. Dieser Gedanke ist schlicht und einfach falsch.

Auch Regenwürmer können ja auf unseren Hochintensiväckern nicht mehr überleben, sie können sich jedoch regelmäßig von den Hecken wieder in die Felder hinein ausbreiten, wenn in der Fruchtfolge eine für sie günstige Pflanze (etwa Luzerne oder Klee) angebaut wird. Mit den Regenwürmern zusammen kommen immer wieder für die Bodenbildung notwendige Kleintiere wie Milben und Springschwänze auf den Acker hinaus. So erhält der Acker wenigstens von Zeit zu Zeit die für seinen Boden notwendigen Kleintiere.

Das gleiche gilt für die einseitige Bevorzugung von Nadelbäumen in der Forstwirtschaft, die heute überwunden sein sollte und nur noch gelegentlich in ihrer reinen Form betrieben wird. Zwar muß die Forstwirtschaft Holz produzieren. Wer dies leugnet, plädiert damit automatisch für die rigorose Zerstörung der Tropenwälder, denn wir in unserer übervölkerten Welt können nicht ohne große Mengen an Holz leben. Wir können jedoch auch in der Forstwirtschaft wie in der Landwirtschaft Zwischenlösungen finden. Auf diese Art und Weise werden die Pflanzen und Tiere erhalten, die als Bolzen die Sicherungen in unserem Raumschiff Erde darstellen und von denen wir nicht wissen, wieviele wir für das Funktionieren unseres Raumschiffs Erde entbehren können. Gleichzeitig kann auch Holz produziert werden.

Selbstverständlich haben in Naturschutzgebieten exotische Arten, die also nicht in unsere heimische Fauna und Flora gehören, keinen Platz. Damhirsch, Muffelwild, Douglasie oder Kastanie können nicht geduldet werden. Ganz sklavisch kann man diesem Dogma nicht folgen: Eine Reihe von Arten sind bei uns so vollständig eingebürgert, daß man sie überhaupt nicht entfernen kann. Dazu gehören Bisamratten, vor allen Dingen in Hessen Waschbären oder die kanadische Wasserpest. Mit ihnen muß man versuchen zu leben.

Mit der Entscheidung, ob man eine alte Kulturlandschaft erhalten will oder die bei uns natürlicherweise herrschende Landschaft wieder herstellen will, gehen auch Entscheidungen über das Vorkommen von Pflanzen und Tieren einher. So sind beispielsweise die Großtrappen, die zeitweise im Gebiet der heutigen Bundesrepublik Deutschland gebrütet haben, erst zu uns gekommen, als großflächig der Wald vernichtet worden und eine sehr extensive Landwirtschaft an die Stelle des Waldes getreten war. Großtrappen stammen aus den Steppen Rußlands. Wollen wir Großtrappen bei uns erhalten oder wieder ansiedeln, so müssen wir sehr ruhige, sehr große offene Landschaften ohne höhere Gebüsch- oder Baumvegetation mit einer sehr extensiven Landwirtschaft erhalten. Ähnlich geht es mit dem Schlangenadler, der ein typischer Bewohner offener Steppenareale mit eingestreutem Baumbestand ist. Er war zu Beginn des 19. Jahrhunderts in der Lüneburger Heide offenbar ein durchaus häufiger Vogel.

Damals war die Lüneburger Heide auf viele Kilometer
eine Heidefläche mit eingestreuten kleinen Eichen-
und Kiefernwäldern. Das war eine Landschaft, die an
afrikanische Steppen und Savannen erinnert. Man muß
sich fragen, was man will. In der bei uns eigentlich ursprünglichen Waldlandschaft haben weder die Groß-
trappe noch der Schlangenadler Platz. Um sie wieder
bei uns anzusiedeln, müssen wir eine vom Menschen
gemachte künstliche Landschaft versuchen wiederherzustellen, und das geht natürlich auf Kosten von
Waldvögeln wie Auerhahn und Schwarzstorch. Nur:
beides nebeneinander geht nicht.

Daß Biotoppflegemaßnahmen vielfach nicht zu sehr
ins Gewicht fallen, zeigt ein Beispiel, das man jeder-
zeit besichtigen kann. Seit dem Krieg, also nunmehr
seit ungefähr 50 Jahren, ist ein mehrere Kilometer
breiter Randstreifen an der deutsch-tschechischen
Grenze auf tschechischer Seite Brachland geworden
und nicht mehr bewirtschaftet. Man kann auf deut-
scher Seite etwa bei Hinterfirmiansreuth oder bei
Haidmühle und Auersberg-Reuth oder bei Mitterfir-
miansreuth direkt an der Grenze entlanggehen und hat
dann auf der einen Seite landwirtschaftlich genutztes
Grünland, auf der anderen Seite seit 50 Jahren brach-
liegendes Grünland, an dem nie gearbeitet worden ist.
Das brachliegende Grünland ist viel bunter durch viele, viele Blumen. An manchen Stellen haben sich neue
Hochmoore gebildet. Eine „Verwaldung" hat nicht
stattgefunden. Alte Graslandschaften lassen Busch-
und Baumwuchs nur sehr schwer aufkommen. Nur
dort, wo frischgepflügte Äcker plötzlich aufgegeben
werden mußten, hat sich Wald angesiedelt, nicht aber
auf altem Grünland. Man braucht also unter Umstän-

den bei der Unterschutzstellung von Grünland über 50 Jahre und mehr keinerlei Biotoppflege (und niemand kann im Augenblick sagen, wie lange so etwas gehen kann, obwohl an sich die potentielle natürliche Vegetation hier Wald wäre).

Gleichzeitig zeigt uns dieses Beispiel, das jedermann Tag für Tag besichtigen kann, daß wir keine Angst vor Brachflächen zu haben brauchen, daß im Gegenteil Brachflächen von Jahr zu Jahr schöner und reicher werden. Unter dem Namen Biotoppflege verbirgt sich natürlich in Wirklichkeit eine selektive Behandlung von Pflanzen, daß dabei aber auch eine selektive Behandlung von Tieren notwendig ist, wird häufig übersehen. Eine Fülle von Tierarten wird jedoch durch die Tätigkeit des Menschen sehr stark gefördert, und diese Arten können seltene Arten, die den Schutzzweck darstellen, durchaus bedrohen. Dabei braucht keineswegs immer ein Räuber-Beute-Verhältnis zu bestehen. Oft genügen Beunruhigungen der einen Art durch die andere vollkommen. In diesem Sinn kann auch Jagd in Naturschutzgebieten durchaus ihre Berechtigung, ja Notwendigkeit haben, und sie sollte nicht von vornherein abgelehnt werden, sondern es sollte eine echte Zusammenarbeit mit Jägern angestrebt werden – so wie eine Zusammenarbeit mit den Vegetationskundlern selbstverständlich ist. Ebenso wie mit Vegetationskundlern und Zoologen der Zeitpunkt der botanischen Biotoppflege im einzelnen genau abgesprochen werden muß, so ist natürlich auch der Zeitpunkt dieser zoologischen Biotoppflege abzusprechen. Insbesondere durch den Menschen geförderte Generalisten können in Naturschutzgebieten zur Plage werden, und sie können in Gebieten mit wirtschaftlicher Nutzung manchen schützenswerten Arten den Rest geben: Hier ist vielfach der Jäger als Biotoppfleger gefragt.

SCHUTZ DER ÖKOLOGISCHEN PROZESSE Wir hatten gehört, daß ein Urwald, wie er in unseren Breiten existieren würde, kein einheitlicher Wald sein kann, sondern ein Mosaik aus altem Wald mit fast keinem Unterwuchs, aus zusammenbrechenden Altholzinseln, aus Wiesen mit Stauden, aus Birkenwald, aus Mischwald und aus Dickungen, die wiederum zum Hochwald werden. An jeder Stelle gibt es einen Zyklus, wo sich Hochwald, zusammenbrechende Altholzinseln, Wiesen, Pionierwald, Dickungen und wiederum Altwald miteinander abwechseln. Für solche natürlichen Zyklen im Wald sind allerdings Areale nötig, die sicher kaum unter 30–50 qkm groß sein dürfen und die daher bei uns kaum zu erzielen sind. Nur in den wenigen geforderten Nationalparks wird man ein solches Mosaik aus desynchronen Zyklen wieder herstellen können. In solchen Gebieten ist keinerlei Biotoppflege nötig. Uralte Waldteile sind ebenso wie junge Wiesen, wie verbuschende Wiesen, wie Dickungen immer vorhanden. Sie entstehen immer neu, und das Problem der Pflanzen und Tiere besteht darin, jeweils rechtzeitig eine neu entstehende Wiese, einen neu entstehenden Altwald zu erobern. Auf dieses Problem haben sich die Organismen im Lauf ihrer Evolution eingestellt.

Es gibt also bei uns natürliche Wiesen; es gibt Altholzinseln: Im Zuge der natürlichen ökologischen Prozesse entstehen und vergehen sie ununterbrochen.

Genauso ist es mit steilen Erdabbrüchen, die ganz regelmäßig am Ufer von Bächen und Flüssen neu entstehen und dann Brutmöglichkeiten für Eisvogel und

Uferschwalbe bieten. Genauso ist es mit Kleintümpeln im Wald, die bei im Sturm umstürzenden Bäumen an ihren Basen, an ihren Wurzeltellern immer wieder neu entstehen und wieder vergehen. So ist es auch mit flachen Gewässern, die bei uns normalerweise sehr rasch verlanden, die aber für unendlich viele Tiere und Pflanzen absolut notwendig sind. Sind diese flachen Gewässer groß genug, und haben wir keinen Jagddruck durch den Menschen und haben wir auch sonst keine Störungen, so überwintern hier Tausende von nordischen Wasservögeln, die die während des Sommers gebildeten Pflanzen vollständig abweiden und dadurch eine Verlandung verhindern. So können derart flache Gewässer nahezu unbegrenzt bestehen bleiben.

Zusammengefaßt: Wenn man dem Ablauf der normalen ökologischen Prozesse freien Lauf läßt, kommt man ohne Biotoppflege aus. Dann stellen sich gefährdete Lebensräume regelmäßig — mal hier, mal da — von allein ein.

Ein Beispiel: Bei einem Deichbruch am Rand des bekannten Schutzgebiets am Rhein „Kühkopf" wurden weite Gebiete mit Sand überspült, und selbst erfahrene Naturschützer glaubten an eine Katastrophe. Das Gegenteil war der Fall. Hier war plötzlich durch die Hochflut mit dem Deichbruch ein Lebensraum entstanden, wie er im Auwaldgebiet ganz regelmäßig bei Hochfluten entsteht. Eine Fülle von Insektenarten, die seit vielen Jahrzehnten in Deutschland nicht mehr bekannt gewesen waren, stellte sich hier ein, und ausgerechnet das betroffene Gebiet erwies sich nun für die nächsten Jahre als das vom Naturschutz am stärksten beachtete Gebiet. Jedoch war dieses Areal innerhalb weniger Jahre wieder voll zugewachsen — Pappeln erreichten eine Höhe von 5 m in zwei Jahren – und die besondere Fauna wurde wieder sehr selten. Dieses Beispiel zeigt die Dynamik unserer Lebensräume, die wir auch mit noch so angestrengter Biotoppflege nicht werden nachmachen können. Der Ablauf der natürlichen Prozesse im großen Lebensraum bringt dies alles ohne unser Zutun hervor. Würden wir die Möglichkeit zum Ablauf der natürlichen ökologischen Prozesse in allen Schutzgebieten schaffen können, würden wir die Naturschutzsorgen los sein: Wir könnten sogar einiges an Reinigungskraft für Luft, Wasser und Boden von den Schutzgebieten erwarten. Das eigentliche Ziel des Naturschutzes muß also heute sein, die natürlichen ökologischen Prozesse zu schützen und sie wieder in Gang zu bringen. Besondere Pflanzen und Tiere können dabei Indikatoren für das Fehlen oder das Funktionieren solcher Prozesse sein.

Bedauerlicherweise stellen sich vor allem die Forstverwaltungen aller Bundesländer gegen die Anlage großer Wald-Naturschutzgebiete, in denen die natürlichen ökologischen Prozesse noch normal ablaufen können und in denen keinerlei Nutzung erfolgt. Kleine Altholzinseln oder Naturwaldzellen sind – wenn sie überhaupt eingerichtet werden – dafür kein Ersatz. Gerade der Forstverwaltung sollte es ein Anliegen sein, einmal bei uns einen Wald in seiner alten Dynamik zu erhalten oder wiederherzustellen, um seine Bedeutung für Probleme des Waldes untersuchen zu können, um die hier mögliche Wildtierdichte kennenzulernen. Das alles wissen wir bei uns nicht, doch es ist unbedingt notwendig, wenn wir mit den langfristigen Problemen des Waldes fertig werden wollen. Unsere Zeit ist wie keine andere geeignet, hier einen Einstieg zu wagen. Unser Holz ist wegen unserer hohen Löhne kaum absetzbar, der Rückhalt in der Bevölkerung ist groß. Man sollte hier über seinen Schatten springen – wie das bei der jungen Generation auch schon vielfach der Fall ist.

Die Notwendigkeit, die natürlichen ökologischen Prozesse zu schützen, ist besonders augenfällig bei den Problemen unserer Trinkwasserversorgung geworden: Durch unsere Hochintensivlandwirtschaft wurde die Bodenlebewelt in Mitleidenschaft gezogen, die Filter- und Pufferfunktion des Bodens wurde damit eingeschränkt, und nun gelangen Dünger und Pestizide ins Grundwasser, die früher im Boden festgehalten und aufgearbeitet wurden.

WO Kein Platz der Erde ist von Eingriffen des Menschen verschont geblieben. Auch im Innern des Dschungels von Borneo, von Sumatra oder von Amazonien findet man mit den heutigen Analysemethoden Spuren früherer menschlicher Besiedlung. Selbst die für den Menschen anscheinend lebensfeindlichsten Dschungelgebiete sind sämtlich durch ihn beeinflußt worden, und der primitive Mensch, der nur als Jäger und Sammler lebte, hat hier schon Tiere ausgerottet, ehe er Schrift und städtische Kultur entwickelte. Diese für viele heutige Menschen entsetzliche Tatsache läßt allerdings auch den Umkehrschluß zu: Wir können, wenn wir die Zeit und den Platz haben, lebensreiche Urwaldgebiete aus zweiter Hand selbst schaffen, und wir sollten diese Erkenntnis nutzen. Der Naturschutz sollte genügend große Gebiete, wo immer sie ihm geboten werden, annehmen, und er sollte versuchen, solche Gebiete stets in das Eigentum einer der großen Naturschutzorganisationen oder des Staates zu überführen, um damit die Langfristigkeit zu sichern. Ob es sich dabei um stillgelegtes Fabrikgelände handelt, um stillgelegte Bahnhöfe, um Abraumhalden oder ausgebaggerte frühere Kohlegruben: Es ist möglich, derartige Gebiete wieder zu reichem Leben auf dem Weg zum Urwald zu bringen, wenn ein wenig Hilfestellung gegeben wird und Zeit zur Verfügung steht. Der Naturschutz sollte auch jetzt schon seinen Anspruch auf hoffentlich einmal unnötig werdende Truppenübungsplätze erheben und sie als Nationalparks reservieren.

NATURSCHUTZ – NICHT NUR IM NATURSCHUTZGEBIET
Andererseits sollte immer wieder darauf hingewiesen werden, daß ein Tier und eine Pflanze auch dann unter Naturschutz stehen, wenn sie nicht in speziell dafür ausgewiesenen Räumen, Naturschutzgebieten, angetroffen werden. Theoretisch bräuchten wir keine Naturschutzgebiete, denn das Belästigen der entsprechenden Pflanzen und Tiere im normalen Wald, in der normalen Feldmark ist verboten und steht unter Strafe. Die Ausnahmeregelungen für Landwirtschaft und Forstwirtschaft, Jagd und Fischerei bedürfen kritischer Überprüfung. Sie dürfen nicht dazu führen, daß 90% der Hasen eines Jahrgangs durch Mähmaschinen getötet werden. Die Auswahl der Maschinen muß sich – wie auch in der Industrie – an ihrer ökologischen Verträglichkeit messen lassen.

Aber noch schlimmer ist: Mehlschwalbennester werden noch heute von Hauswänden abgestochert, weil man den Kot dieser Tiere nicht will. Storchnester werden wegen des Kotes von einem Dach abgestoßen. Beides ist innerhalb der letzten 10 Jahre in der Bundesrepublik geschehen. Das ist nicht nur eine Gesetzesübertretung, das ist eine so tiefgreifende Entfremdung der betreffenden Menschen von der Natur, daß diese Geisteshaltung für das Überleben der Menschheit gefährlich sein kann. Hier hat Aufklärungsarbeit einzusetzen. Der Mensch hat zu lernen, daß Naturschutz kein egoistisches Ziel irgendeiner Gruppe ist, sondern der Versuch, für unsere Kinder und Kindeskinder ein Überleben zu sichern. Naturschutz hört an den eigenen vier Wänden nicht auf: Er sollte dort anfangen.

Ein extremes Beispiel der Lebensfeindlichkeit des Lebensraumes zwischen den Schutzgebieten ist die Ölpest der Meere. Verlieren Schiffe – Tanker aus ihrer Fracht, Motorschiffe aus ihren Motorenräumen – Öl, so breitet sich dieses auf der Meeresoberfläche aus. Das Öl verklebt die Federn der Vögel, die Vögel nehmen dieses giftige Öl zum Teil in den Magen-Darmkanal auf, und bei solchen Ölkatastrophen auf dem hohen Meer sterben Zehntausende von Vögeln. Wieweit auch sonstige Meerestiere davon in Mitleidenschaft gezogen werden, weiß man nicht. Ein Säubern der Vögel ist in sehr leichten Fällen bei sehr intensiver Pflege möglich; jedoch ist fast immer die nachfolgende Mauser gestört, und man muß daher diese Mauser künstlich auslösen. Das bedeutet, auch leichte Fälle, die der Mensch gesundpflegen möchte, bedürfen einer sehr langen Pflege in menschlicher Obhut. In der Ostsee ist das Problem geringer, da hier schon seit 50 Jahren ein Abkommen der Ostseeanrainerstaaten vorliegt, welches jedes Ablassen von Öl untersagt. Dennoch ist der finnische Meerbusen sehr stark mit Öl verschmutzt.

Die wenigen verölten Vögel, die der Mensch retten kann, sind eigentlich nur eine Frage des Tierschutzes. Sie bedeuten gegenüber der riesigen Zahl der sterbenden

Tiere nichts. Wichtig ist daher vor allem eine Durchsetzung des Verbotes, daß Schiffe Öl ablassen, und eine sehr starke Sicherung der Tanker. In neuester Zeit hat sich herausgestellt, daß das Öl in der Nordsee zu einem erheblichen Teil von den Ölbohrstellen in der Nordsee stammt. Um so gefährlicher ist die Ölsuche im Wattenmeer vor der dänischen, deutschen und niederländischen Küste, inklusive des Wattenmeernationalparks.

An Land und im Süßwasser existiert das Problem der Vergiftung zwischen den Schutzgebieten natürlich genauso: Viele Tiere sterben an Bleivergiftung von den sehr hohen Bleimengen, die durch Schrotkugeln in Gewässer und Böden gelangen. Das überrascht immer wieder, ist aber in Dänemark und Teilen des Bodensees gut belegt. In Amerika ist man daher dazu übergegangen, Bleischrot vielfach zu verbieten und dafür Eisenschrot vorzuschreiben, welches jedoch andere Nachteile hat.

KOSTEN Um es gleich vorweg zu sagen: Naturschutz ist nicht billig. Die Kosten für den Naturschutz liegen auf drei Gebieten, nämlich:

1. Den Flächenansprüchen des Naturschutzes. Die Gebiete müssen in Staatsbesitz überführt werden oder in den Besitz der großen Naturschutzorganisationen kommen, um eine Nachhaltigkeit und Langfristigkeit zu gewährleisten.

2. Beim Staat sind Naturschutzämter einzurichten, die ähnlich wie etwa die Straßenbauämter konstruiert und strukturiert sind und die den Naturschutz einschließlich der Pflegemaßnahmen in den Naturschutzgebieten und außerhalb der Naturschutzgebiete überwachen.

3. Für die Naturschutzerziehung muß viel getan werden. Die Biologen sollten wissen, worum es geht. Es sollten daher Kurse für ganz andere Berufsgruppen eingerichtet werden.

NATURSCHUTZERZIEHUNG Fangen wir mit dem letzten Punkt an. Ein Polizeibeamter, der nur, weil das Gesetz es vorschreibt, ein Naturschutzgebiet beaufsichtigt, kann nicht die Lösung sein. Der Polizeibeamte muß etwas wissen, und er muß seinen Dienst aus Überzeugung tun können. Der Richter, der einen Jäger, einen Wilderer, einen Gedankenlosen verurteilt, darf dies nicht nur tun, weil das Gesetz es so vorsieht. Er muß es aus innerer Überzeugung und aus einem gewissen Wissen um die Sachzusammenhänge tun. Entsprechendes gilt für Baubehörden, Planungsbehörden, Landwirtschafts- und Forstbehörden. Es sind daher Einrichtungen zu schaffen, die diese Aufgabe lösen.

Ein Vorbild auf diesem Gebiet ist die Bayerische Akademie für Naturschutz und Landschaftspflege (ANL) in Laufen an der Salzach. Diese Akademie, mit einem Personalbestand von knapp 50 Mitarbeitern, worunter ein nicht unerheblicher Teil Wissenschaftler sind, führt für die entsprechenden Behörden des Freistaates Bayern Kurse sehr verschiedener Art über Naturschutz durch. Pro Jahr werden knapp 4000 Teilnehmer durch diese Kurse hindurchgeschleust. Für die Mitarbeiter der staatlichen Verwaltung sind derartige Kurse kostenlos (incl. Reise, Wohnung und Verpflegung). Mit modernem technischem und didaktischem Aufwand werden hier gerade die Personengruppen, die bisher nichts vom Naturschutz wissen konnten, in die Problematik der heutigen Situation eingeführt. Daneben gibt es wissenschaftliche Symposien und

Kolloquien zu komplizierten naturschutzrelevanten Wissenschaftsthemen mit entsprechenden Wissenschaftlern in großer Zahl. Schließlich führt die Akademie auch eigene Forschungen durch oder regt solche Forschungen an und gibt das nötige Geld für solche Untersuchungen. Hinzu kommt eine eigene Zeitschrift, die sich inzwischen einen bedeutenden Ruf auf dem Gebiet des Naturschutzes und der Naturschutzforschung erworben hat.

Derartige Institutionen sind in viel größerem Maße notwendig, damit die komplizierten ökologischen Zusammenhänge, die einen Naturschutz so wichtig machen und die ja weniger leicht zugängig sind als etwa die Verschmutzung eines Gewässers, weiteren Kreisen deutlich werden.

Dazu gehörten Naturschutzämter an allen staatlichen Behörden. Über die Existenz von Straßenbauämtern, Wasserbauämtern, Landwirtschaftsämtern wird nicht diskutiert und ihre Existenz als notwendige Selbstverständlichkeit hingenommen. Dabei ist allen Beteiligten klar, daß Straßenbau oder Landwirtschaft in Zukunft gewisse Einschränkungen erfahren werden. Bei Diskussionen steht derzeit jedoch im günstigsten Fall dem Direktor einer großen Behörde ein angestellter Naturschützer im Inspektorenrang gegenüber. Wo hier bei kontroverser Diskussion der Sieger zu suchen ist, braucht nicht weiter diskutiert zu werden. Es ist notwendig, daß dieses Naturschutzamt nicht von Planern und Geographen besetzt wird, sondern von Fachleuten, deren Ausbildung auf dem Gebiet der biologischen Allgemeinökologie der Planungsausbildung voranging.

Es war ein Fehler, zu Anfang dieses Jahrhunderts die Naturschutzverwaltung in die Hände von begei-

sterten Laien zu legen. So hat immer bei kontroverser
Diskussion dem Leiter einer großen staatlichen Behörde ein Amateur gegenübergestanden, der neben seinem Beruf auch noch versucht hat, etwas für unsere
Natur zu tun. Er konnte prinzipiell nie so orientiert
sein und sich nie so vorbereiten wie der Leiter einer
großen Behörde. Immer hat ihm der Geruch des etwas
weltfremden Schmetterlingsfängers angehangen. Naturschutz ist heute ein sehr hartes Geschäft, welches
große Kenntnisse, exakte Aufnahmen und exakte Vor-
bereitungen erfordert. Die Stellungnahmen müssen
gerichtsfähig sein. Der Weg, mit den Verbänden zu arbeiten, den seit dem Krieg einige Bundesländer ge-
gangen sind, kann nur als ein Stehlen aus der Verantwortung gesehen werden. Auch Naturschutzverbände
können gegenüber dem Staat und seinen Behörden eigentlich nur unterliegen. Das gilt besonders, wenn
diese Verbände dazu auf Geldgaben des Staates angewiesen sind. Es führt also kein Weg um leistungskräf-
tige und schlagkräftige Naturschutzbehörden bei den
Gemeinden, Kreisen, Regierungsbezirken und Ländern herum. Ihre Aufgaben hätten jeweils ausgewiese-
ne biologische Ökologen zu übernehmen. Diese Behörden sollten dann auch das Biotopmanagement
leisten und die Überwachung von Aufgaben des Was-
serbaus, der Landwirtschaft, der Flurbereinigung usw.
Sie hätten in dieser ersten Phase auch den Ankauf von
viel Land zu gewährleisten – viel Land entlang der
Bäche und Flüsse (der Vorfluter), um hier Intensiv-
landwirtschaft, welche zur Erosion und zur Gewässerverschmutzung führt, zu verhindern.

Alles das ist kostenaufwendig. Billiger Naturschutz
hilft in der augenblicklichen Situation niemandem
mehr. Langfristig werden die Kosten für den Natur-

schutz sinken, wenn Land gekauft ist und wenn eine Biotoppflege nicht mehr in dem Maße wie heute nötig ist.

Schutz ohne Aufsicht, Schutz ohne Kontrolle ist faktisch sinnlos. In der Bundesrepublik Deutschland wird ein Aufpassen fast immer als Einschränkung der Freiheit verurteilt. Umfragen bei den Besuchern des Nationalparks Bayerischer Wald ergaben jedoch, daß über die Hälfte der Besucher Wert darauf legt, daß eine Aufsicht da ist – eine Aufsicht allerdings, die auch von dem Nationalpark etwas versteht, argumentieren kann und nicht einfach Verbote ausspricht. Die Besucher legen zu mehr als 50% jedoch Wert darauf, daß diese Aufsicht unbelehrbare Touristen zur Not aus dem Park verweist und auf alle Fälle auf die Wege zurückholt. Eines nämlich hat sich bei der gesamten Naturschutzbestrebung auf der ganzen Welt gezeigt: Massentourismus schadet der Natur weniger als der Vogelfotograf, der einzelreisende Wanderer. Langstreckenskilauf auf gespurten Loipen ist in vielen Gebieten tragbar (das ist anders als der Abfahrtslauf, der steilen Hängen außerordentlich schadet). Der Einzelskiläufer abseits der Wege ist jedoch kaum tragbar. Beispielsweise leben Birkhühner und Auerhühner im tiefen Schnee unseres Winters am Rand ihrer Existenzmöglichkeiten. Sie nehmen kaum Nahrung auf, weil kaum günstige Nahrung für sie erreichbar ist, und bewegen sich vergleichsweise wenig. Auf der Flucht vor einem Skiläufer verbrauchen sie außerordentlich viel Energie. Ein Aufscheuchen dieser Tiere abseits der Wege durch Einzelwanderer ist für sie daher sehr gefährlich, und ein 3–4maliges Aufscheuchen führt unter bestimmten Tiefschnee- und Temperaturbedingungen zu ihrem Tode.

Ich darf hier noch einmal das Beispiel vom Nationalpark Bayerischer Wald anführen. Dieser Nationalpark erhielt in seinem Eingangsbereich die notwendigen Parkplätze und die notwendigen Informationshäuser. Beides war nicht billig. Vor allem aber erhielt er und erhält er einen jährlichen Etat von rund 7 Millionen DM. Allein im Nationalpark sind knapp 175 Menschen dauernd beschäftigt. Das alles scheint viel. Wenn man jedoch berücksichtigt, daß allein die Menschen, die nach eigenen Angaben allein wegen des Nationalparks in diese Region zum Urlaubmachen kommen, etwa 25 Millionen DM in dieser Region in jedem Jahr ausgeben, so sieht das schon anders aus. Wenn das mit einem Aufwand von etwa 10 Millionen DM gebaute Informationszentrum in jedem Jahr 300 000 Besucher anzieht, so sind das von den Baukosten her die Dimensionen einer Badeanstalt; von den laufenden Kosten jedoch bedeutend weniger und von der Besucherzahl her unvergleichlich viel mehr als jedes Hallenbad zu bieten hat. Die Ausgaben für Naturschutz schrecken, aber sie schrecken nur den Unwissenden. Ausgaben für Naturschutz lohnen sich auch auf so kurze ökonomische Distanz. Dank gebührt hier dem zu früh verstorbenen Bayerischen Landwirtschaftsminister Hans Eisenmann, der die Belange des Nationalparkes Bayerischer Wald immer wieder anhörte, sie verteidigte und durchsetzte, so daß heute dieser Nationalpark auch in seiner Konzeption als Musterbeispiel für weitere Gründungen dasteht.

WIE GROSS Zunächst: Auch das größte Naturschutzgebiet ist zu klein. Pflanzen und Tiere sind auf Grenzenlosigkeit hin evoluiert und nicht darauf, daß irgendwo ein

Schild „Betreten lebensgefährlich" zu beachten ist. Wieder mögen einige Beispiele dieses verdeutlichen. In Nordamerika schwanken die Bestände der Hasen von Jahr zu Jahr um gewaltige Dimensionen. Etwa alle 10 Jahre tritt eine Massenvermehrung auf, die natürlich eine starke Vermehrung der Räuber, der Hasen jagenden Luchse nach sich zieht. Die Massenvermehrung der Hasen bricht zusammen (das tut sie auch ohne die Räuber), und die nun reichlich vorhandenen Räuber haben keine Ernährungsbasis mehr. Sie müssen abwandern oder sterben. Bei Luchsen sind in solchen Fällen Wanderentfernungen von über 1000 km nachgewiesen. In Ostsibirien wandert die Schneehuhnpopulation in großen Kreisen. Die Schneehühner brüten in einem Jahr in einem bestimmten Gebiet relativ dicht zusammen; sie übernutzen ihre Nahrung, Weidenknospen, sehr stark, und so sind sie im nächsten Jahr in einem etwas anderen Gebiet anzutreffen. Im dritten Jahr wandern sie noch weiter, und so zieht diese Schneehuhnpopulation durch die Tundra und scheint einen regelmäßigen riesengroßen Kreis mit einem Durchmesser von über 1000 km zu durchwandern. Elefanten machen das in Afrika nicht viel anders, und die Gründung der Nationalparks mit ihren scharfen Grenzen erwies sich für Elefanten zwar als die einzige Rettung, aber gleichzeitig als verhängnisvoll. Sie konnten ihre alten Wanderungen ebensowenig durchführen wie Wanderungen, die die Tiere normalerweise bei großen Trockenzeiten machten und aus denen es häufig dann kein Zurück gab. So müssen all die Elefanten in dem gleichen, scharf abgegrenzten Gebiet bleiben. Sie übernutzen es während der Trockenzeit und müssen dann dezimiert werden. Selbst Schutzgebiete von der Größe Hessens — wie etwa die

162

Etoscha-Pfanne, der Krüger Park, der Tsavo Park, der Serengeti Park sind von diesem Standpunkt aus zu klein. Die gleiche bittere Erfahrung hat man auch in Nordamerika machen müssen. Naturschutzgebiete, und seien sie noch so groß, sind Inseln in einer für die meisten Pflanzen und Tiere sehr feindlichen Umwelt. Aus Organismen, denen eine unbegrenzte Weite zur Verfügung stand, sind Inseltiere geworden.

Diese Tatsache ist nicht zu ändern und nicht rückgängig zu machen. So müssen wir bei all unseren Überlegungen auf eine Reihe von Tieren verzichten, die früher bei uns selbstverständlich waren. Noch im Nibelungenlied heißt es:

danach schlug Siegfried wieder
einen Wisent und einen Elch
starker Auer viere
und einen grimmen Schelch.

(Der Schelch wird heute als das frühere Wildpferd Mitteleuropas gedeutet.)

Das alles lebte im Odenwald früher ebenso wie Luchs, Wolf und Bär. Ein Naturschutzgebiet, in dem all diese Arten wieder ihren Platz hätten und leben könnten, würde mit 1000 qkm nicht ausreichend sein. Wir werden also die Hoffnung gar nicht erst hegen dürfen, ein Gebiet von 35 km Seitenlänge dafür zu bekommen. Wölfe und Bären werden daher bei uns nie wieder in einer Art Freiheit leben können. Luchse sind zwar für den Menschen harmlos: Von daher aus müßte die Ansiedlung von Luchsen möglich sein, und sie wäre zur Bekämpfung überhöhter Rehbestände auch vernünftig. Sorgen des Menschen auch um seine Kinder werden jedoch eine Ansiedlung bei den geschilderten Entfernungen, die ein Luchs zurücklegen kann, dessen Ansiedlung unmöglich machen. Für Wisente und die Rückzüchtung der früheren Auerochsen mag ein Leben in ungefährer Freiheit in zukünftigen Nationalparks vielleicht möglich sein.

Welche Grösse ist möglich? Beschränken wir uns also in unserer Diskussion über die Größe von Naturschutzgebieten auf das, was möglich erscheint. Bei Nationalparks erscheint – auch im mitteleuropäischen Mittelgebirge und in der norddeutschen Tiefebene – eine Größe von knapp 100 qkm erreichbar und durchsetzbar. Diese Größe müßte ausreichen, um die natürlichen Prozesse überwiegend wieder ablaufen zu lassen und damit wenigstens an einigen ganz charakteristischen Stellen – dem norddeutschen Tiefland, dem deutschen Mittelgebirge und der Hochgebirgsregion des Bayerischen Waldes und der Alpen – wenigstens je ein Musterbeispiel von einem Areal zu geben, wo auch in Zukunft der Mensch keine Biotoppflegemaßnahmen durchführen muß. Daß solche Gebiete vermutlich für diese Zwecke ausreichen können – wenn auch ohne die bei uns früher heimischen Großsäuger – ergibt sich aus Überschlagsrechnungen über die Größe der Mosaiksteine, die in Urwäldern dieser Art normalerweise auftreten.

Alle anderen Naturschutzgebiete werden kleiner sein und damit zu klein. Sie werden ein regelmäßiges Biotopmanagement, eine regelmäßige Biotoppflege brauchen, weil sie sich, auf sich allein gestellt, von dem Schutzziel immer weiter entfernen.

Es gibt jedoch sicher eine untere Grenze und diese liegt bei Arealen von weniger als 50 ha. Unterhalb dieser Größe sollten nur in besonders begründeten Fällen Schutzgebiete ausgewiesen werden, und der

Naturschutz sollte sich darauf einrichten, daß solche Gebiete nur eine zeitlich begrenzte Schutzfunktion haben können. Bedenken wir: Eine Kohlmeisenpopulation kann bei uns innerhalb weniger Jahre in Abhängigkeit von kalten Wintern, warmen Sommern oder feuchten Sommern usw. zwischen 50 und 200 Brutpaaren schwanken. Das ist der ganz normale Bereich. Bei Insekten liegen diese Schwankungen um eine oder mehrere Zehnerpotenzen höher. Will man die Art erhalten, so bleibt nichts anderes übrig, als jeweils den höchsten Wert als normal anzusetzen, selbst wenn dieser höchste Wert nur in wenigen Jahren erreicht wird. Wenn jedoch widrige Umweltverhältnisse den Bestand einmal zusammenbrechen lassen, so bricht er eben von 200 auf nur 50 Paare zusammen und nicht von 50 auf 0. Es muß also eine gewisse Pufferung da sein.

Da ferner nicht alle Organismen wie die Vögel fliegen können und damit eine ungünstige Stelle nicht rasch mit einer günstigeren tauschen können, so müssen diese Schutzgebiete, wenn irgend möglich, miteinander durch Hecken, durch Wiesenwege, durch Waldstreifen verbunden sein. Dieses „Biotopverbundsystem", diese „Vernetzung" der Lebensräume untereinander ist nur eine Notlösung für die Tatsache, daß wir tatsächlich unsere Pflanzen und Tiere auf sehr kleine Inseln in einem lebensfeindlichen Meer beschränken. Besonders wichtig ist es daher, daß das Meer, welches die Inseln umgibt, nicht zu lebensfeindlich ist und daß daher eine Überdüngung ebenso wie ein übermäßiger Pestizideinsatz verhindert wird. Auch die rein physikalische Wirkung der modernen Ackergeräte und Waldbaugeräte allein kann für die Tierwelt tödlich sein. Das starke Zurückgehen von

Hamsterpopulationen und Feldmauspopulationen deutet in diese Richtung. In manchen Gebieten werden fast alle Hamsterbauten heute von den schweren Maschinen schlicht eingedrückt und die Hamster dabei getötet. Nur wenige Individuen an den Rändern der Äcker überleben. In anderen Landwirtschaftsgebieten wird über Hunderte von Quadratkilometern hinweg innerhalb weniger Tage die gesamte Weizenernte eingebracht. Dabei sterben bis über 90% der im gleichen Jahr gesetzten Junghasen in den Messern der Mähmaschinen. Man wird auch über diese rein physikalische Beeinträchtigung mehr nachdenken müssen. Vielfach mag sie die schädlichen Folgen, die durch chemische Einwirkungen entstehen, noch übertreffen.

Biotoppflege als Massnahme bei kleinen Naturschutzgebieten Aber wir müssen uns darüber klar sein, daß dafür ein großer Flächenbedarf notwendig ist, der — als Pragmatiker muß man das sehen — bei uns im dicht besiedelten Mitteleuropa nicht zu erreichen ist. Auf kleineren Gebieten (auf den Trittsteinen) ist damit eine Biotoppflege unausweichlich. Bei fast allen Schutzgebieten wird daher eine Biotoppflege in der Zukunft regelmäßig notwendig sein. Diese Biotoppflege ist jedoch auf das allernötigste Maß zu begrenzen und soweit wie irgend möglich zu unterlassen. Voraussetzung für die Biotoppflege ist ein in sich stimmendes Schutzkonzept mit in sich stimmenden Schutzzielen. Ohne diese Konzepte und Ziele wird eine Biotoppflege sehr leicht zur Spielwiese von engagierten Umweltdekorateuren, die jedes Jahr etwas Neues machen möchten. Ein Beispiel: Für den Schutz von Fröschen, Kröten und Molchen sind viele kleine Gewässer notwendig. Ein einzelnes großes Gewässer reicht nicht aus, da die Larven dieser Tiere sich gegenseitig weitgehend ausschließen. Nur wenn viele kleine Teiche nebeneinander vorhanden sind, können alle die notwendigen Arten nebeneinander existieren. Bombentrichter des letzten Krieges haben in vielen Waldgebieten und Wiesengebieten außerordentlich günstig auf die Amphibienfauna gewirkt. Vorher waren es vielfach die „Rottekuhlen", in denen der Flachs einem Rotteprozeß unterworfen wurde. Im natürlichen Lebensraum entstehen solche kleinen Tümpel durch das Umbrechen von Bäumen bei Stürmen und durch Hochfluten, wenn an manchen Stellen durch rasch fließendes und kreisendes Wasser tiefe Kolke ausgespült werden. Aber derartige Verhältnisse werden wir nie wieder erreichen. So wird man solche Amphibientümpel heute im Zuge von Biotoppflegemaßnahmen anlegen müssen. Dafür gibt es inzwischen genügende und genügend ausgearbeitete Rezepte. Mit der Anlage solcher Amphibientümpel haben wir wieder das Beispiel vor uns, daß die Schutzart nur eine Indikatorart ist: Mit diesen vielen kleinen Tümpeln kommt eine reiche Libellenfauna, kommt eine reiche Pflanzenwelt automatisch zu uns. Es gibt jedoch Bestrebungen bei uns, derart angelegte Tümpel nun für möglichst viele Tierarten zu optimieren, und so wird jedes Jahr an ihnen gearbeitet. Einmal angelegte Tümpel müssen für mindestens 10 Jahre unberührt bleiben, sonst haben wir eine Umweltdekoration und keinen Naturschutz mehr.

WER LEHRT Den Beruf des Naturschützers kann man nicht lernen. Es gibt eine Reihe englischsprachiger Universitäten (USA, UK, Kanada, Südafrika), an denen das

Biologiestudium eine Spezialisierungsphase mit naturschutzrelevanten Veranstaltungen erfährt. Nach diesem Vorbild plant der Fachbereich Biologie der Universität Marburg eine Naturschutz-Spezialisierung innerhalb des Biologiestudiums. Eine Unterstützung seitens des Landes ist bis heute ausgeblieben. Bisher gibt es unmittelbare Naturschutzvorlesungen nur an der Technischen Universität München; Ausbildungen zum Landschaftsplaner oder Landschaftsarchitekten können nicht als Naturschutzstudium begriffen werden: Planer und Architekten lernen, wie der Name sagt, einzugreifen in das natürliche Geschehen; der Naturschützer sollte als Oberstes lernen, daß er nicht eingreift. Wer daher im Studium Naturschutz näher kennenlernen möchte, sollte ein volles Biologiestudium durchführen mit Physiologie, Genetik und Biochemie. Er sollte sich dann sehr intensiv mit Veranstaltungen der zoologischen und botanischen Systematik und der zoologischen und botanischen Ökologie sowie der allgemeinen Ökologie beschäftigen. Geobotanik allein genügt nicht, und viele Fehlschläge, bei denen die Zoologen überaus enttäuscht sind, sind auf eine Überbetonung geobotanischer und pflanzensoziologischer Arbeit zurückzuführen.

Naturschutz wird zu einem erheblichen Teil und sehr erfolgreich von Laien betrieben. Sie können sich hervorragend weiterbilden, wenn sie an Kursen teilnehmen, die etwa von der Akademie für Naturschutz und Landschaftspflege in 8229 Laufen/Salzach angeboten werden. Die Zahl der Institutionen, die solche Kurse anbieten, wird sich in den nächsten Jahren noch deutlich erhöhen. Solche Kurse finden auch in der vorlesungsfreien Zeit der Universitäten statt und sollten daher auch von Studierenden mit speziellem Interesse am Naturschutz wahrgenommen werden. Dazu kann man als Naturschutzhelfer an den verschiedensten Stellen im Naturschutz mithelfen. Besonders aufregend ist eine Tätigkeit als Vogelwart in einer der Seevogelfreistätten an der Deutschen Küste*. Man muß sich hier jedoch auf eine faktisch unbezahlte Tätigkeit, bei der man sehr viel lernen und unendlich viel Erfahrungen sammeln kann, für mindestens die gesamte Brutsaison einrichten.

Lehrgänge für Naturschutz bieten (1988) an:

Akademie für Naturschutz und Landschaftspflege (ANL), 8229 Laufen/Salzach.
Norddeutsche Naturschutzakademie Hof Möhr, 3043 Schneverdingen.
Naturschutzzentrum Nordrhein-Westfalen, Leibnizstr. 10, 4350 Recklinghausen.
Akademie für Natur- und Umweltschutz beim Ministerium für Umwelt, Baden Württemberg, Postfach 605, 7000 Stuttgart 1.

Dazu gibt es eine größere Anzahl halbstaatlicher Institutionen.

Hessisches Naturschutzzentrum, Friedensstr., 6330 Wetzlar.
Biologische Station Heiliges Meer, 4441 Hopsten, Kreis Steinfurt.

---

* Kontaktadresse beispielsweise Mellumrat, c.o. Institut für Vogelforschung „Vogelwarte Helgoland", An der Vogelwarte, 2940 Wilhelmshaven oder Verein Jordsand „Haus der Natur", Wulfsdorf, 2070 Ahrensburg.

Biologisches Institut, 4431 Metelen (Kreis Borken).
Station des Deutschen Bundes für Vogelschutz, Sun-
    der, 3101 Winsen/Aller.
Station des BUND, 7761 Möggingen.
Ökologiestation 2800 Bremen.

Diese Liste kann keine Garantie für Vollständig-
keit übernehmen. Die größte Institution ist die Bayerische Station (ANL) mit fast 4000 Kursteilnehmern/
Jahr (fast 10 000 Teilnehmertage/Jahr).

Diese Institutionen vermitteln Kenntnisse für die
praktische Naturschutzarbeit; weniger jedoch die wissenschaftlichen Grundlagen des Naturschutzes.

Die ANL und die Naturschutzakademie Nordrhein-Westfalen geben auch wichtige Schriften heraus,
ohne die moderner Naturschutz nicht mehr denkbar
ist.

Wichtige Zeitschriften zum Naturschutz sind:

„Natur und Landschaft" herausgegeben vom Institut
    für Naturschutz und Landschaftsökologie, 5300
    Bonn-Bad Godesberg, Konstantinstr.;
„Seevögel" herausgegeben vom Verein Jordsand zum
    Schutze der Seevögel, Haus der Natur, Wulfsdorf,
    2070 Ahrensburg;
„Nationalpark" herausgegeben von verschiedenen
    Fachleuten, Verlag Morsak, 8352 Grafenau.

TRÄNEN Wir bauen Straßen an jeden Fleck.
Gute Straßen. Teure Straßen.
Gleichzeitig erleben vierradgetriebene Querfeldeinau-
tos und entsprechende Motorräder einen Verkaufs-
boom wie noch nie und überall finden Querfeldein-
Moto-Cross-Rennen statt. Auch in Landschaftsschutzgebieten wird die Erlaubnis für solche Rennen erteilt.

Da planiert eine kleine Stadt heimlich ein Naturschutzgebiet am Stadtrand, baut darauf einen Sportplatz und bewirbt sich anschließend um ein Naturschutzzentrum in ihren Mauern . . . .

Da wollen Leute endlich einmal in ihrem Leben einen Urwald sehen, kommen in den Nationalpark Bayerischer Wald, schauen und schreiben empört an das zuständige Ministerium, sie hätten so gern einen Urwald gesehen, aber was sie gesehen hätten, wären alte tote Bäume im Wald, herumliegende tote Äste am Waldboden: Nichts sei aufgeräumt gewesen, um den nachkommenden Jungbäumen Platz zum Wachsen zu lassen . . . .

Da haben wir seit 500 Jahren das älteste Lebensmittelgesetz der Welt, nach dem Bier nur aus Hopfen, Malz und Wasser gebraut werden darf. Nach 500 Jahren naturreinen Biers wird chemische Konservierung erlaubt und der Zusatz weiterer chemischer Stoffe für weitere „Verbesserung". Das Beispiel hat zwar mit Naturschutz nichts zu tun, aber es zeigt, daß wir keinerlei Vertrauen mehr in die Natur haben, sondern nur noch Vertrauen in die Chemie – selbst da, wo industriell durch mehrere hundert Jahre das Funktionieren der Natur bewiesen ist. Anders scheint es unseren Naturschutzgebieten auch nicht zu gehen . . . .

Da haben wir – schauen Sie in die heutige Tageszeitung hinein – heftige Probleme mit unserem Müll. Insbesondere der Sondermüll macht größte Schwierigkeiten, und wenn Sie jetzt auf die Uhr schauen, schauen Sie auf eine Quarzuhr, die von einer Batterie betrieben wird, und wenn diese Batterie leer ist, gehört sie in den Sondermüll. Dabei gibt es seit vielen

Jahren die automatischen Armbanduhren, die sich durch Armbewegung selbst aufziehen. Ein herrliches Beispiel alternativer Energien. Aber versuchen Sie heute einmal, so eine Uhr noch zu bekommen. Es ist faktisch unmöglich. Je mehr Probleme wir mit dem Sondermüll – und all unsere Batterien sind Sondermüll – bekommen, umso mehr bauen wir Batterien in alles ein: in die Armbanduhren, in die Fotoapparate für die Lichtmessung, in die Fotoapparate für den Filmtransport, in die Fotoapparate für die Entfernungsmessung, in Diktiergeräte, in Walkmen, in Tonbandgeräte.

Wir schimpfen so gern auf den Landwirt, der Pestizide benutzt. Wissen Sie eigentlich, daß der höchste Pestizidverbrauch pro Fläche nicht in Land- und Forstwirtschaft, sondern in den Schrebergärten der Städte und an Wohnzimmerpflanzen ist? Wenn wir von Naturschutz reden: Sollte man nicht zu Haus im Kleinen anfangen? Und: Man kann in seinem Schrebergarten ganz hervorragend die zulässigen Toleranzwerte für Schwermetalle im Boden überschreiten, wenn man nur ein paarmal Batterien aus seinen Gerätschaften in den Garten schmeißt (anstatt sie beim Sondermüll abzugeben). Alte Schrebergartengebiete sind heute generell für ihren hohen Schwermetallgehalt bekannt.

Übrigens: Sie dürfen, wenn Sie einen Wald ihr eigen nennen, diesen nicht zum Urwald zurückführen. Selbst wenn Sie an sich niemanden damit stören. Es gibt ganz prima Paragraphen in unseren Gesetzen, die eine regelmäßige Pflege des Waldes vorschreiben. Pflege heißt: auf Nutzung ausgerichtet.

Da kauft sich ein berühmter begnadeter Künstler auf Gran Canaria ein großes Stück Land und baut sich ein Ferienhaus hierher. Es sei ihm gegönnt. Seine Leistung für uns alle ist groß. Aber dann hat er neben ein paar Kiefern nur dürres Gestrüpp in seinem Garten. Also bewässert er den Garten – Wasserleitungen gibt es ja – und erschafft ein grünes Paradies. Paradies? Anstelle der Flora der Kanarischen Inseln, die in seinem Garten wuchs und die z. T. aus Pflanzen besteht, die uns in Europa durch die Eiszeit verlorengingen, wachsen nun in seinem Garten Allerweltsblumen und Allerweltsfrüchte – soviel, daß er sogar die Hotels damit beliefert. Süßwasser muß man auf den Kanarischen Inseln unter großem Energieverbrauch aus Salzwasser herstellen oder vom Festland herüberschaffen. Süßwasser ist knapp: Nicht umsonst will der Künstler unter dauernder Sonne leben, und so tauscht er eine aussterbende Flora gegen Allerweltsgrünkram, der in jedem Gewächshaus der Niederlande in Massen gezüchtet wird, ein, und er nennt das Paradies.

Da gibt es im Harz eine große Talsperre, die für die Trinkwassergewinnung genutzt wird. Vernünftigerweise ist die unmittelbare Umgebung – ein etwa 100 m breiter Randstreifen – für den Besucher nicht zugänglich. Der Naturschützer freut sich: Bei einer Uferlänge von etwa 20 km und dem Randstreifen von 100 m Breite ergibt das eine naturschützerische Ruhezone, die viel größer ist als die 200 ha oder 2 qkm, die man so errechnen kann. Jeweils ist ja zum See hin, auf dem natürlich auch kein Bootsverkehr stattfindet, für Pflanzen- und Tierwelt Ruhe gegeben. Doch zu früh gefreut: Natürlich findet ein ganz normaler Forstbetrieb mit Fichtenmonokulturen statt und, was den Naturschützer entsetzt, natürlich findet Sportfischerei statt. Angler stehen überall am Ufer bis zum Bauch im

Wasser und werfen ihre Hungerpeitsche aus. Natürlich wird auch entsprechend den Vorschriften regelmäßig Fisch ausgesetzt ....

Da baut sich ein Naturfreund ein Haus direkt am Wald. Er hört schon morgens das Rotkehlchen singen und die Meisen wispern. Er braucht nur ein paar Schritte, um Buschwindröschen und Leberblümchen im Wald zu sehen, und er legt sich einen schönen Garten an – richtig schön mit Lebensbäumen, Fichten und Krüppelkiefern – die alle nicht hierhergehören, aber nun in dem übermäßig nährstoffreichen Boden des angelegten Gartens wachsen wie Salat im Treibhaus. Jedes Jahr muß der Naturfreund nun den Rasen mähen und seine Büsche stutzen. Er tut das auch regelmäßig und fleißig, packt das Abgeschnittene auf eine Karre, schiebt es in den Wald und kippt es dort aus. „Das verrottet ja hier." Und neben dem gepflegten Haus mit seinem gepflegten Garten sieht der Wald plötzlich wie eine Müllkippe aus ....

Die herrliche, bei uns so selten gewordene Trollblume stellt wahrscheinlich in blütenbiologischer Hinsicht ein Unikum unter den deutschen Blumen dar: sie wird nicht einfach bestäubt von hin- und herfliegenden Käfern oder Fliegen, wie das bei ihren Verwandten, unseren Hahnenfußarten oder der Sumpfdotterblume der Fall ist, sondern in ihrer sich nie wirklich öffnenden kugeligen Blüte spielen sich erstaunliche Dinge ab, die an die Befruchtung von Feigen erinnern. Parasitische Fliegen leben hier, und diese Parasiten befruchten gleichzeitig die Pflanze. Es handelt sich um ein hochspezialisiertes Zusammenleben. Ohne diese Fliegen gibt es keinen Samen. Da kann sich zwar die Trollblume noch lange Zeit über

174

Ausläufer und wachsendes Wurzelwerk vermehren, aber irgendwann ist das vorbei. Unsere Trollblume ist also auf bestimmte Fliegen angewiesen, und diese Fliegen machen, wie wir wissen, ungeheure Populationsschwankungen durch. Eine einzige Trollblume kann keinen Bestand erhalten. Wir brauchen große Bestände, damit uns die Art erhalten bleibt. Wir brauchen große Schutzgebiete ....

Da gibt es in Hessen ein großes geschlossenes Buchenwaldgebiet, das Wildunger Bergland. Durch keine Straßen ist es zerschnitten, von einem meterhohen Zaun umgeben. Das Betreten ist dem normalen Sterblichen nur zu bestimmten Zeiten gestattet. Von der Größe, von der Lage und von der Vegetation her würde es für den so dringend notwendigen Nationalpark ausreichen. Aber diesen Gedanken in Hessen zu äußern, grenzt an Hochverrat: es handelt sich um ein sogenanntes Wildschutzgebiet, eine Staatsjagd (vollständig in Staatsbesitz!) mit einem Überbesatz an Rot- und Damhirschen, an Muffelwild und anderem jagdbaren Getier. Der Überbesatz ist so stark, daß normale Forstwirtschaft nicht mehr möglich ist. Die Schäl- und Verbißschäden hier belaufen sich nach Angabe des staatlichen hessischen Institutes für Forsteinrichtung inzwischen auf mehr als 11 Millionen DM (Nationalpark, Juli 1988). Staatsjagden gibt es noch mehrere: Also bleibt auch hier die Staatsjagd erhalten. Naturschutz? Daß ich nicht lache! Naturschutz immer und überall — aber nicht bei mir!!

Da ist ein neues, sehr schnelles Verkehrssystem erfunden worden: die Magnetschwebebahn Transrapid, und nun soll die erste Strecke gebaut werden: zwischen Hannover und Hamburg. Warum wohl? Da

wohnen nicht viele Leute, die man stören kann, man
quert viel Staatsgrund, den man nicht zu enteignen
braucht; und wenigstens auf zwei Jahre gibt es in
Niedersachsen Arbeitsplätze. Was für ein Unfug und
was für ein Verbrechen an der Natur! Diese Verbin-
dung zwischen Hamburg und Hannover neben Autobahn und Eisenbahn ist so unnötig wie sie nur sein
kann, und man wird schleunigst nach der Fertigstel-
lung nach Verbindungen Richtung Ruhrgebiet und
München schreien und man wird auf die nun schon
ausbezahlten Milliarden hinweisen. Die Medien werden kein Wort über die noch weiter zerstückelte Natur
verschwenden. Ich stamme aus Hannover. Auf dem
heutigen Autobahnkreuz Hannover habe ich als
Schulkind im damaligen Wald Wanderfalken am
Horst beobachtet; auf dem nördlich davon gelegenen
heutigen Kreuz im damaligen Warmbüchener Moor
Schwarzstörche und Birkhühner. Das alles ist durch
den Autobahnbau endgültig zerstört, und nun kommt
noch eine Schnellbahn mit eigener neuer Trasse, die
vielleicht in reiner Fahrtzeit eine halbe Stunde gegenüber dem Intercity einspart. Soll man deswegen in
Hannover umsteigen und die halbe Stunde frierend
auf dem Bahnsteig verbringen? Soll man dafür 3 Milliarden (das ist geschätzt) in zwei Jahren ausgeben, anstatt sie in zukünftige Arbeitsplätze zu investieren? Es
ist nicht nur Unfug, es ist ein Verbrechen. Eine solche
Bahn brauchen wir nicht! Man steige einmal in Stock-
holm in den Nordpfeil, den „Nordpilen", der Stock-
holm mit Narvik über fast 2000 km Entfernung ver-
bindet. Man bummelt gemütlich durch die Landschaft
und kann in Ruhe Schweden kennenlernen und sehen
lernen. Die Italiener bauen den „Pendolino", der Kur-
ven schnell nehmen kann. Wir bauen für viel teureres

Geld eine neue Trasse. Welch ein Größenwahn in Deutschland immer dann, wenn es nicht um Natur geht!

Zwischen Hannover und Hamburg gibt es noch vergleichsweise stille Gebiete und vergleichsweise große Waldungen. Vergleichsweise: man schaue sich einmal die Größe einer mittleren Stadt an und schaue in Büchern nach, wieviel qkm sie bedeckt. So große Gebiete sind das auch in der Lüneburger Heide nicht mehr, und das will man nun wieder einmal zerstükkeln. Die Naturwissenschaft hat bis zum Überdruß bewiesen, daß durch eine solche Zerstückelung und damit Verkleinerung der ruhigen Gebiete die normalen ökologischen Prozesse immer stärker beeinträchtigt werden. Aber das stört die Damen und Herren nicht, die alles Heil wohl in der Technik sehen und sich dann plötzlich wundern, wenn die Ozonschicht zerstört wird, wenn die Kohlendioxydschicht in unserer Atmosphäre zerstört wird und wenn unsere Böden in einem Maße Schadstoffe ins Trinkwasser durchlassen, daß die Wasserwerke in Probleme schwierigster Art geraten. Man sollte die Damen und Herren, die so entscheiden, persönlich haftbar machen.

Es ist zum Weinen.

Das alles erfordert kein Wissen, sondern nur ein bißchen Nachdenken. Denken können wir, aber ganz offensichtlich wollen wir es nicht.

3 DER RECHTLICHE RAHMEN

Entsprechend der hier dargestellten Aufteilung in Artenschutz, Biotopschutz und Schutz ökologischer Prozesse ist auch die rechtliche Seite des Naturschutzes aufgebaut.

Die Rechtsgrundlage des Artenschutzes Es stehen sehr viele Pflanzen und Tierarten unter Naturschutz. Sie stehen auch dann unter Naturschutz, wenn sie sich nicht in Naturschutzgebieten aufhalten. Sie dürfen weder belästigt noch gesammelt werden; in vielen Ländern ist ausdrücklich das Fotografieren dieser Tiere, insbesondere am Nest verboten, um jede Störung auszuschalten. Beispiele für Tiere unter Naturschutz auch außerhalb von Schutzgebieten sind bei uns Hirschkäfer, große Laufkäfer, Gottesanbeterin, fast alle Schmetterlinge, alle Lilien (Türkenbundlilie, Graslilie usw.) und Orchideen (wie Frauenschuh, Knabenkräuter) und viele andere. Der Schutz kann zeitlich oder örtlich eingeschränkt sein.

Gefährdete Arten, schützenswerte Pflanzen- und Tierarten werden weltweit in „Roten Listen" aufgeführt. Diese Roten Listen sind bei Wirbeltieren sehr zuverlässig, sie sind bei Insekten und anderen niederen Tieren vergleichsweise unzuverlässig. Sie sind jedoch ein wichtiges Hilfsmittel des Naturschutzes und besitzen, insbesondere eben bei höheren Pflanzen und höheren Tieren, eine ganz wichtige Bedeutung. International spielt der Artenschutz durch das Washingtoner Artenschutzabkommen eine große Rolle. Dieses Artenschutzabkommen ist von allen großen Kulturstaaten unterschrieben worden und daher bindendes Gesetz. Nach diesem Artenschutzabkommen dürfen seltene Tiere und Pflanzen, die im einzelnen in sehr langen Listen zusammengestellt sind, weder lebend noch tot über Grenzen verbracht werden; fallen sie (etwa auf einem großen Flughafen oder einem großen Seehafen) im Touristengepäck oder sonstwie auf, werden sie beschlagnahmt. Das Argument, man habe das Tier oder den betreffenden Teil dieses Tieres ja sowieso tot erworben, nützt hier nichts. Ausnahmen müssen von der Regierung des Herkunftslandes ausdrücklich bestätigt werden. Dringend muß daher empfohlen werden, von Auslandsreisen keine Produkte aus Tieren oder Pflanzen (Felle, Elfenbein, Kakteen) mitzubringen, sondern so etwas nur in Deutschland zu kaufen: Dort ist die Herkunft aus nicht-bedrohten Populationen sichergestellt.

 Der beste Artenschutz nützt jedoch nichts, wenn durch Urbarmachung, durch Entwässerung oder Überstauung der Lebensraum dieses Organismus zerstört wird. Im Rahmen des Biotopschutzes gibt es in der Bundesrepublik zwei Schutzformen:

1. Im Landschaftsschutzgebiet wird eine spezifische Landschaft unter Schutz gestellt. Diese Landschaft darf nicht in ihrem Charakter verändert werden.

Dieses ist jedoch die mildeste Form des Naturschutzes. Entwässerungen, Bachbegradigungen, Urbarmachung von Brachflächen und dergleichen sind faktisch immer möglich. Damit funktioniert hier ein Schutz von Pflanzen oder Tieren häufig nicht.

2. Im Naturschutzgebiet sind die Auflagen wesentlich strenger, Veränderungen sind nicht erlaubt. Vielfach herrscht ein zeitlich oder räumlich eingeschränktes Betretungsverbot.

Beide Arten des Biotopschutzes – Landschaftsschutzgebiet und Naturschutzgebiet – beeinträchtigen den Eigentümer in Bewirtschaftung und Nutzung seines Eigentums in erheblicher Weise. Die ausgedehnten Landschaftsschutzgebiete sind hier ein regelmäßiger Zankapfel; bei Naturschutzgebieten versucht man heute zunehmend, solche Gebiete von Verbänden oder vom Staat aufzukaufen und damit zu sichern.

Ein besonderes Problem stellen die „Landwirtschaftsklauseln" dar. Fast überall in Landschaftsschutzgebieten und Naturschutzgebieten darf die bisherige Landwirtschaft und Forstwirtschaft weitergeführt werden. Ordnungsgemäße Fischerei beinhaltet auch regelmäßiges Einsetzen von Fischen, ordnungsgemäße Landwirtschaft beinhaltet den Einsatz von Pflanzenschutzmitteln im Naturschutzgebiet, ordnungsgemäße Jagd und Forstwirtschaft sind vielfach nicht tragbar. So sind die Verhältnisse in Naturschutzgebieten vielfach unbefriedigend. Hinzu kommt ungenügende Aufsicht; bei einer Inventur der schleswig-holsteinischen Naturschutzgebiete um 1970 ergab sich, daß ein großer Teil der ausgewiesenen Gebiete inzwischen zu Sportplätzen, Müllplätzen oder dergleichen umfunktioniert oder gar nicht mehr erkennbar war.

Das stärkste Mittel des Naturschutzes ist der Nationalpark. Im Gegensatz zu den bisher genannten Werkzeugen des Naturschutzes gibt es für Nationalparks internationale Regelungen, die leider nicht von allen Staaten anerkannt werden. Die internationale Definition des Nationalparks, wie sie 1969 auf der ersten Weltkonferenz für Nationalparks in der sogenannten Resolution von Neu Delhi gefaßt wurde, lautet:

„Ein Nationalpark ist ein relativ großes Gebiet,

1. wo ein oder mehrere Ökosysteme durch menschliche Nutzung oder Inanspruchnahme in der Substanz nicht verändert werden, wo Pflanzen- und Tierarten, geomorphologische und biologische Besonderheiten von besonderem Interesse für Wissenschaft, Bildung und Erholung vorhanden sind oder das Naturlandschaften von großartiger Schönheit aufweist, und

2. wo die oberste zuständige Behörde des Landes Maßnahmen getroffen hat, um im gesamten Gebiet baldmöglichst die Nutzung oder Inanspruchnahme zu verhindern oder zu beseitigen und die Erhaltung ökologischer, geomorphologischer oder ästhetischer Eigenarten durchzusetzen, die zu seiner Einrichtung geführt haben, und

3. wo Besucher unter bestimmten Bedingungen zur Anregung, Erziehung, Bildung und Erbauung Zutritt haben.

Diese Definition wurde im bayerischen Naturschutzgesetz übernommen. Sie lautet dort:

„Landschaftsräume, die wegen ihres ausgeglichenen Naturhaushaltes, ihrer Bodengestaltung, ihrer Vielfalt oder ihrer Schönheit überragende Bedeutung besitzen, eine Mindestfläche von 10 000 ha haben sollen und im übrigen die Voraussetzungen des Artikels 7 Absatz 1, Satz 1 (für ein Naturschutzgebiet) erfüllen, können durch Rechtsverordnung mit Zustimmung des Landtages zu Nationalparken erklärt werden. Im Falle eines grenzüberschreitenden Nationalparks kann die jenseits der Grenzen liegende Fläche in die Mindestfläche eingerechnet werden, wenn sie nach den dort geltenden Vorschriften zum Nationalpark erklärt wird.

Nationalparke dienen vornehmlich der Erhaltung und wissenschaftlichen Beobachtung natürlicher und naturnaher Lebensgemeinschaften sowie eines möglichst artenreichen heimischen Tier- und Pflanzenbestandes. Sie bezwecken keine wirtschaftliche Nutzung.

Nationalparke sind der Bevölkerung zu Bildungs- und Erholungszwecken zu erschließen, soweit es der Schutzzweck erlaubt.

Durch Rechtsverordnung werden neben den zum Schutz und zur Pflege sowie zur Verwirklichung der Absätze 2 und 3 erforderlichen Vorschriften Bestimmungen über die Verwaltung des Nationalparks und über die erforderlichen Lenkungsmaßnahmen, einschließlich der Regelung des Wildbestandes getroffen."

Das gültige Bundesnaturschutzgesetz hat diese Regelungen nur zum Teil übernommen. Insbesondere ist zu bedauern, daß der Satz „sie bezwecken keine wirtschaftsbestimmte Nutzung" im (später erlassenen) Bundesnaturschutzgesetz nicht übernommen wurde. Diese Weglassung hat sich beim Schleswig-Holsteinischen und Niedersächsischen Wattenmeernationalpark verhängnisvoll ausgewirkt: Hier dürfen alle wirtschaftlichen Nutzungen weitergeführt werden, während allein die Forschung Einschränkungen unterliegt.

In der Bundesrepublik gibt es bisher zwei Nationalparks (Bayerischer Wald und Königssee), die international ernstgenommen werden, während die beiden Wattenmeernationalparks in der Praxis rechtlich und faktisch wesentlich mehr benötigen, bis sie den internationalen Nationalparkstandard erreichen. Da Nationalparks die einzigen Schutzgebiete sind, in denen die ökologischen Prozesse noch natürlich ablaufen sollen, sind dringend weitere Nationalparks im norddeutschen Flachland und im Mittelgebirgsraum erforderlich. Die entsprechenden Flächen lassen sich beschaffen. Bei der Gefahr, die einem Naturschutzgebiet droht, wenn ein spezieller Zustand langfristig erhalten wird, ohne daß die normalen ökologischen Prozesse der dauernden Wandlung ablaufen können, ist die Schaffung von Nationalparks vordringlich.

In den meisten afrikanischen Nationalparks ist dem Personal – also beispielsweise dem Chefförster oder dem Chefbiologen – das Halten jeglicher Haustiere verboten: Der Chefbiologe hat also weder einen Jagdhund noch eine Katze, noch hat er irgendwelche Singvögel. Eine ähnliche Situation treffen wir in den USA und in Kanada an. Man weiß, daß Hunde und Katzen die einheimische Tierwelt unkontrolliert beunruhigen, und das Wichtige an einem Nationalpark ist der Gang der ökologischen Prozesse ohne Störung durch den Menschen – sei es der angestellte Biologe oder der Tourist. Auf den meisten amerikanischen Autobahnrastplätzen ist daher das Laufenlassen von Hunden ebenfalls verboten: Es könnte das Wild, aber auch die Rinderherde der nahen Farm gestört werden.

Mit einem Nationalpark wird leicht ein „Naturpark" verwechselt. Naturparks sind jedoch Einrichtungen des Fremdenverkehrs und haben keinerlei Schutzfunktion. Sie bezeichnen vom Standpunkt des Fremdenverkehrs großräumige, schöne Landschaften, die sich besonders für Erholungssuchende eignen. Erst neuerdings sind sie im Bayerischen Naturschutzgesetz und im Bundesnaturschutzgesetz wenigstens erwähnt. Damit ist der Mißbrauch dieses Wortes, der sehr Platz gegriffen hatte, erschwert. Auf alle Fälle: Naturparks haben mit Naturschutz nichts zu tun; Schutzbestimmungen gibt es nicht. Allerdings gibt es in den meisten Naturparks viele Naturschutzgebiete – die dann durch Tourismus extrem gefährdet sind.

Weitere Bezeichnungen, die einen Naturschutz vortäuschen, gibt es in großer Zahl. Besonders häufig ist die Bezeichnung „Wildschutzgebiet" – meist mit einem Betretungsverbot verbunden. Insofern sind solche Wildschutzgebiete der Öffentlichkeit viel weniger zugänglich als Naturschutzgebiete. Hinter ihnen verbirgt sich jedoch ein besonders gehegter überhöhter Wildbestand, der ausschließlich jagdlichen Zwecken dient. Vielfach werden in solchen Wildschutzgebieten – illegal – Greifvögel und Raubwild wie Füchse und Dachse besonders kurz gehalten.

In jüngster Zeit machen besonders Ausdrücke wie „Naturwaldzellen", „Altholzinseln", „Naturwaldinseln" oder „Waldforschungsareale" von sich reden. Fast immer handelt es sich dabei um von der Forstverwaltung geplante, manchmal auch eingerichtete Areale, die keinen gesetzlichen Schutzstatus haben, sondern allein vom Wohlwollen der jeweiligen Forstverwaltung abhängig sind. Sie werden vielfach geplant oder eingerichtet, um Naturschutzgebiete und Nationalparks zu verhindern. Naturschutzgebiete und Nationalparks sind aufgrund ihres gesetzlichen Status ja nicht ohne weiteres wieder zu beseitigen. Beim Naturschutz sollte man sich darüber im klaren sein, daß derartige Areale eher eine Gefahr als eine Hilfe für die Erhaltung unserer Natur darstellen.

Dazu gibt es noch kleinere Naturschutzmittel von geringerer Bedeutung. Hierher gehört vor allen Dingen das „Naturdenkmal", welches als Einzelbaum oder flächig ausgebildet sein kann. Diese Naturdenkmale sind letzten Endes immer dadurch charakterisiert, daß sie nicht langfristig erhalten bleiben können (wie etwa ein alter Einzelbaum, der irgendwann eines natürlichen Todes stirbt). Im modernen Naturschutz spielen derartige Naturdenkmale eine zunehmend geringere Rolle.

Wie wenig Landschaftsschutzgebiete in Wirklichkeit geschützt sind, zeigt die Tatsache, daß im März 1988 die zuständige Hessische Ministerin ein Querfeldeinrennen mit Motorrädern in einem Landschaftsschutzgebiet genehmigte, welches der zuständige Landrat aus Naturschutzgründen und Landschaftsschutzgründen vorher verboten hatte, und damit das Verbot des Landrats aufhob.

Wegen der außerordentlich zahlreichen Besucher, die selbst in den sehr großen Nationalparks Nordamerikas Probleme bereiten, ist man in den USA dazu übergegangen, auf Staatsland sogenannte „Wilderness areas" auszugliedern. Über diese Gebiete wird wenig gesprochen. Sie sind auf Landkarten nicht als solche erkennbar. Es gibt kein Betretungsverbot. Auf der anderen Seite gibt es hier keinerlei Wege, keinerlei Straßenverbindungen, und die Natur wird hier völlig sich selbst überlassen. Wer diese Gebiete betritt und in Schwierigkeiten gerät, kann nicht mit irgendwelcher Hilfeleistung rechnen. Faktisch ist das Betreten dieser Gebiete auch unmöglich, da es eben keinerlei Weg und Steg gibt. Diese Gebiete sind meist sehr groß.

4 DIE QUINTESSENZ

Viele Touristen reisen in ihren Ferien nach Afrika und sehen sich dort einen oder mehrere der riesigen Nationalparks an, deren Größe häufig bei der des Landes Hessen (also etwa 40 000 qkm) liegt. Das erscheint riesig. Fährt man mit dem Auto in diese Nationalparks und bewundert die Elefanten, Löwen, Giraffen, so scheint dem Touristen Afrika unendlich wie zur Zeit der europäischen Entdecker. Aber: Afrika hat etwa 400 000 qkm Schutzgebiete auf einer Fläche von rund 30 Millionen qkm, und dieser Schutz ist nicht genügend gesichert. Man muß einmal eine Landkarte von Afrika anschauen: Die Schutzgebiete sind winzige Inseln in der lebensfeindlichen Umwelt, die diese Inseln umgeben. Heute muß man davon ausgehen, daß außerhalb der Nationalparks fast nirgendwo ein Löwe, ein Elefant und bestimmt kein Nashorn mehr lebt. Einige wenige Arten werden in Ost- und Südafrika in großen Farmen für Jagdzwecke gehalten — wie Kudu, Giraffe, Impala und Strauß. Einige wenige vermögen sich in gebirgigen Gegenden ohne Schutzstatus zu halten, wie etwa der Leopard. Im ganzen aber ist die afrikanische Tierwelt heute auf die Nationalparks beschränkt, die uns beim Betreten groß erscheinen. In Europa und Nordamerika ist das Verhältnis von geschütztem zu ungeschütztem Gebiet etwa wie in Afrika. In Südamerika und in den tropischen Regenwaldgebieten Südostasiens liegen die Verhältnisse noch schlechter. Zwar haben eine Reihe von Staaten große

Teile ihres Staatsgebiets unter Naturschutz gestellt (Tansania, Ruanda, Costa Rica), aber der Schutz ist hier meist sehr schlecht gesichert.

Der Druck auf diese winzigen Flächen unserer Erde, der Druck, auch diese gründlich auszubeuten und damit zu vernichten, ist ungeheuer. Dabei sind auch die amerikanischen Nationalparks in Gefahr. Was haben wir zu tun?

Was ist die Quintessenz?

Für die Erhaltung von Luft, Wasser und Boden, für die Erhaltung der natürlichen ökologischen Prozesse, für die Erhaltung der Mannigfaltigkeit der Organismen und für die Erhaltung ihrer Fähigkeit, als Indikatoren für Umweltverschmutzung zu reagieren – sowie nicht zuletzt aus ethischen Gründen – brauchen wir mindestens:

1. Ein Mosaik aus Großgebieten und Trittsteinen, wobei die Großgebiete zwischen 50 und 100 qkm (in der Bundesrepublik Deutschland) groß sein sollten (in manchen dauerfeuchten Tropengebieten können diese Gebiete kleiner sein, in Wüstengebieten müssen sie deutlich größer sein). Die Trittsteine sollten in einer Vernetzung, in einem Biotopverbundsystem durch Hecken, Waldstücke, Mischwälder, Wiesenraine miteinander verbunden sein. In den forstlich genutzten Arealen sollten Naturwaldzellen ohne jedes Management von mindestens 100 ha Größe erhalten bleiben.

2. Wir brauchen diese Schutzgebiete mit einem Schutzstatus, der so langfristig und so sicher ist wie der Schutzstatus berühmter Bauten, wie etwa der Porta Nigra in Trier, des Kölner Doms oder der Münchner Frauenkirche. Es sind die letzten Reste unserer Hei-

mat, sie nehmen an Raum viel weniger ein als die bebaute Fläche einer unserer großen Städte, und sie haben aus ethischen wie aus naturwissenschaftlichen Gründen verdient, daß wir sie erhalten.

3. Wir brauchen in den bewirtschafteten Gebieten des Waldes und der Felder inklusive der Grünländereien einen intensiven Bodenschutz. Land- und Forstwirtschaft dürfen nicht völlig lebensfeindlich sein.

4. Wir brauchen eine funktionierende biologische und ökologische Erziehung unserer Bevölkerung, insbesondere Weiterbildungsmöglichkeiten für Menschen, die in unserer Gesellschaft Verantwortung tragen.

Wir brauchen keinen Aktivismus, keine kurzatmige Landschaftsdekoration, keine dauernde Umweltdekoration, sondern wir brauchen großflächige, langfristige Arbeit von Menschen, die Fachleute auf dem Gebiet der biologischen Ökologie sind.

5. Die Bundesrepublik ist zusammen mit den Niederlanden, mit Belgien, Teilen Ostfrankreichs und Teilen Dänemarks ein extrem hochindustrialisiertes und dicht besiedeltes Gebiet: Im allgemeinen kommen etwa 250 Einwohner auf den qkm. Die übrigen Teile Europas mit den Britischen Inseln, dem überwiegenden Teil Frankreichs, mit Italien, Skandinavien, der DDR und Polen haben nur zwischen 50 und etwa 110 Einwohner pro qkm. Dazu ist die Bundesrepublik ein mitteleuropäisches Durchzugsland für Niederländer und Skandinavier auf dem Weg nach Süden, für Italiener und Österreicher auf dem Weg nach Norden; für Franzosen auf dem Weg nach Osten und Polen auf dem Weg nach Westen. Was für die Menschen gilt, gilt auch für die Abgase: Wir werden von der Abluft aller mitteleuropäischen Staaten betroffen. Bei uns

muß daher viel schärfer reagiert werden auf Neuausweisungsversuche von Wohngebieten und Industrien, auf Umweltverschmutzung in jeder Form. Klagen, in Frankreich, Spanien, Italien oder den Britischen Inseln seien die Gesetze viel einfacher, nützen nichts: Dort sind auch die Bedingungen viel einfacher. Bei uns sind wir nach Meinung des Naturschutzes am Ende. Große, einigermaßen ruhige Gebiete dürfen nicht weiter verkleinert oder von Verkehrswegen durchschnitten werden. Wer eine Teststrecke baut, einen neuen Fertigungsbetrieb, ein neues Wohngebiet, sollte dafür zumindest ein früheres Wohn- oder Industriegebiet wiederverwenden. Das ‚recycling‘ von Land ist bei uns – ausgerechnet bei uns – unterentwickelt.

Ethische und naturwissenschaftliche Gründe zwingen zu einem Schutz unserer heimischen Tierwelt und ihrer Lebensräume; sie zwingen zum Naturschutz. Weltweit sind unsere Organismen und ihre Lebensräume gefährdet. Die Einrichtung sehr großer Nationalparks in Afrika, in Mittel-, Süd- und Nordamerika sowie in Asien reicht nicht aus: Diese Nationalparks stehen außerdem vielfach nur auf dem Papier. Wichtig vor allem ist aber auch, daß zwischen den Nationalparks im vom Menschen bewirtschafteten Areal Land und Wasser nicht lebensfeindlich werden. Naturschutz ist keine Marotte von Schwärmern, Naturschutz ist wichtig für das Überleben der Menschheit. Besonders deutlich wird dies am Beispiel von Mitteleuropa. Mitteleuropa hat die größte Zusammenballung von Industrie weltweit mit dem größten Verkehrsnetz, der intensivsten Landwirtschaft und einer der dichtesten Bevölkerungskonzentrationen der Erde.

Dementsprechend darf in Mitteleuropa Naturschutz ebenso wie Umweltschutz nicht ein Objekt der Tagespolitik werden. Alle politischen Gruppierungen müssen sich auf einen dauerhaften Naturschutz einstellen. Naturschutz ist viel zu sehr Lebensnotwendigkeit für uns, und die Natur reagiert viel zu langsam, als daß wir uns abrupte Wechsel je nach Wahlergebnis leisten können. Im einzelnen ist daher zu beachten:

1. Es kann nicht weiter hingenommen werden, daß der Platz für natürliche und halbnatürliche Lebensräume noch weiter eingeschränkt wird. Wo so etwas im Gefolge der Sicherung unserer wirtschaftlichen Leistungsfähigkeit notwendig ist, muß dafür anderes Land aus der wirtschaftlichen Nutzung herausgenommen werden. Neue Industrien, neue Einkaufszentren sollten daher nicht „auf der grünen Wiese", sondern sollten auf altem Industrieland erfolgen. Wir sprechen heute so viel von Recycling (Wiederverwertung): Eine Wiederverwertung alten Industrielandes für neue Industrien steckt jedoch in den Kinderschuhen und müßte ganz stark in den Vordergrund treten.

2. Ebenso schädlich wie die Industrie ist Tourismus, Freizeitgestaltung, Sport für unser Land und unsere Natur. In den Alpen wird die Nutzung durch Skisport jedermann augenfällig unerträglich und bedrohlich. Dies gilt vor allem auch für die flußnah liegenden Gebiete weit von den Alpen entfernt. Die Inanspruchnahme von freier Landschaft, von Brachland für Rallyes sind nicht mehr zu vertreten. Der Überbesatz Mitteleuropas mit Haustieren (Hunde, Katzen, Zimmervögel) verschlingt mehr Nahrung, als zum Stillen des Hungers für Menschen auf unserer Erde gebraucht würde, und gleichzeitig stellt dieser Überbesatz an Raubtieren eine ernste Gefahr für unse-

re Natur dar.* Sportfischerei ist, wie der Name sagt, ein Sport und sollte dementsprechend auf Sportplätze verwiesen werden und von natürlichen Gewässern fern gehalten werden.

Wenn ein Arzt bei einem Patienten eine Krankheit diagnostiziert, so gibt er dem Patienten eine Reihe von Verhaltensmaßregeln. Diese Maßregeln schränken die persönliche Freiheit des Patienten ein, sie senken seinen Lebensstandard und sie scheinen die Qualität seines Lebens zu mindern (obwohl in Wirklichkeit meist das Gegenteil der Fall ist: Man denke an Tabak und Alkoholgenuß). Natürlich braucht sich der Patient nicht nach diesen Maßregeln zu richten. Das ist sein eigenes Risiko. Dem Arzt vergleichbar ist heutzutage der Ökologe. Er diagnostiziert Krankheiten des Ökosystems Erde. Er weiß, daß diese Krankheiten gefährlich sind für das Leben des Menschen. Wie bei vielen Krankheiten eines einzelnen Individuums gibt es keine pauschale, sofort wirksame Therapie. So schlägt der Ökologe kleine therapeutische Schritte vor: Begrenzung des Wachstums beim Energieverbrauch, einen Zwang zum vollständigen Recycling wichtiger Stoffe und des vom Menschen für seine Industrie und sein Wohnen genutzten Landes, Begrenzung des Bevölke-

---

* Nebenbei: Sowohl in Spanien wie in Nordamerika und in Südamerika habe ich unabhängig einen neuen Beinamen für Deutschland gehört: Deutschland sei das Land der unfreundlichen Hunde. Das völlig unnötige „Scharfmachen" auf spezifischen Übungsplätzen von Hunden, die als Lebensgefährte im Haushalt mitleben sollen und mit denen man nachher in Wald und Flur spazierengeht, ist nicht nur eine Gefahr für unsere Natur, sondern auch für den Menschen.

rungswachstums in allen Ländern, Rückkehr zur Handarbeit, wo das möglich ist, anstelle energiezehrender und rohstoffzehrender Maschinen. Wie ein Arzt schlägt er dies im vollen Bewußtsein der Tatsache vor, daß dadurch der Lebensstandard der Bevölkerung absinken dürfte. Er weiß, daß die persönliche Freiheit des Einzelnen bei Beachtung seiner Therapievorschläge beeinträchtigt wird. Man kann nicht mehr achtlos Flaschen und Dosen wegwerfen, sondern man muß sie ordentlich nach verschiedenen Stoffklassen getrennt in verschiedene Abfalleimer stecken. Das Betreten vieler Gebiete wird untersagt, die Mitnahme von Haustieren in den Wald und viele andere Gebiete wird verhindert. Die Industrieansiedlung in weiten Bereichen ist nicht mehr erlaubt. Stattdessen muß die Industrie, muß der Handel anstelle flächenzehrender, einstöckiger Schnellbauten wieder in die Höhe bauen und auf altem Industrieland Ansiedlungen durchführen. Der Ökologe macht diese Vorschläge auch im vollen Bewußtsein der Tatsache, daß die Lebensqualität vieler Menschen in der Bevölkerung sinken wird: Solange das Fahren sehr großer Autos mit hoher Geschwindigkeit, das Abhalten von Rennen und Rallyes, das Benutzen aufwendiger Einwegpackungen, das Erreichen jedes geographischen Punkts auf vielspuriger Autobahn, die Industrialisierung jeder kleinen Gemeinde und das Umfunktionieren eines jeden naturnahen Restgebiets zu einem Müll- oder Rummelplatz, solange das Halten großer Hunde in engen Wohnungen als Lebensqualität angesehen werden, muß die Bevölkerung jede Anweisung des Ökologen als Senkung der Lebensqualität bezeichnen.

Eine Beschränkung des Energieverbrauchs, Betretungsverbote, ein vollständiges Recycling sind nun einmal gravierende Beschränkungen der persönlichen Freiheit, und diese persönliche Freiheit wird nach den Vorschlägen des Ökologen noch weiter eingeschränkt durch die Forderung, aus ökologischen und humanen Gründen Restgebiete in Mitteleuropa für den Menschen zu sperren und naturnah zu belassen. Der Ökologe muß aus ökologischen und menschlichen Gründen (die letzten Endes auch ökologisch sind) die Erhaltung rummelfreier naturnaher Gebiete fordern, in denen die ökologischen Prozesse noch normal ablaufen und in denen ein nicht unbeträchtlicher Teil unserer Bevölkerung – nicht erst viele Flugstunden entfernt – ruhige Erholung finden kann. Der Ökologe macht diese Therapievorschläge schließlich in vollem Bewußtsein der Tatsache, daß sie wahrscheinlich zu zaghaft sind und langfristig nicht ausreichen werden, was ihm eines Tages zum Vorwurf gemacht werden dürfte: Denn der Ökologe ist sicher, daß die Situation, die mit Sicherheit auf uns zukommt, viel Schlimmeres als die genannten Einschränkungen bringen wird. Ich brauche hier nicht auf Zukunftsvisionen hinzuweisen. Sie sind oft genug publiziert worden, und sie sind durchaus real.

In einem wesentlichen Punkt unterscheidet sich der Ökologe vom Arzt: Der Patient des Arztes mag auf eigenes Risiko tun, was er will. Das ist seine persönliche Freiheit, und sie sollte ihm nicht genommen werden. Bei den Vorschlägen des Ökologen handelt es sich jedoch um das menschenwürdige Überleben der Gesamtbevölkerung, um das menschenwürdige Überleben unserer Kinder: Also um das Überleben unserer Zivilisation, unserer Kultur, unserer Demokratie. So wie der Arzt verpflichtet ist, um das Überleben seines Patienten zu kämpfen, so ist der Ökologe verpflichtet (ganz abgesehen davon hat er ein dringendes eigenes Interesse daran, denn auch er hat Kinder, auch er möchte in unserer Kultur, unserer Zivilisation, unserer Demokratie weiterleben). Ebenso wie der Arzt im allgemeinen unfreundlich wird, wenn der Patient nicht nur fortgesetzt gegen die Empfehlungen des Arztes verstößt, sondern darüber hinaus zunehmend immer mehr verbotene Dinge tut, so ist es die Pflicht des Ökologen, unfreundlich zu werden, wenn um kurzfristiger Tagesziele willen ein langfristiges, viel wichtigeres Ziel aus dem Auge verloren wird. Hier muß der Ökologe deutlich Stellung beziehen. Ein freundliches Gerede muß ihm später mit Recht zum Vorwurf gemacht werden. Für ein langfristiges menschenwürdiges Überleben der menschlichen Bevölkerung, für das Überleben unserer Kultur, unserer Zivilisation und unserer Demokratie muß man eine Reihe von Beschränkungen auf sich nehmen: Daran führt kein Weg vorbei.

Spätestens hier scheinen die Forderungen des Ökologen, die Forderungen eines Extremisten zu sein. Extremist ist jedoch, wer weiter auf unqualifiziertes Wachstum setzt, als sei unsere Erde ein beliebig groß aufblasbarer Luftballon, als sei unser Land nicht begrenzt.

Wenn man diese Einschränkungen akzeptiert, haben wir durchaus eine Chance. Aber man muß sich darüber im klaren sein, daß auch der Naturschutz selbst sich ändern muß. Es geht nicht mehr an, daß jeder Naturschützer und jeder Naturschutzverein seinen Lieblingsbaum, seine Lieblingsblume, sein Lieblingstier und seinen Lieblingsplatz aus seiner eigenen Kindheit kompromißlos verteidigt – gegen ökologische Ratio, gegen ein Kind, welches die Natur erfahren möchte und erfahren muß, gegen andere Naturschützer. In Dänemark sah ich einmal an einem Naturschutzgebiet ein Verbotsschild „Das Betreten des Gebietes, das Beschädigen der Pflanzen, das Belästigen der Tiere ist verboten. Dies gilt auch für Ornithologen." Naturschutz gilt auch für Naturschützer, aber er darf in seinen Verboten nicht dahin führen, daß unsere nächste Generation Naturschutz mit Verboten gleichsetzt. Eine gründliche Ausbildung, eine regelmäßige ökologische Weiterbildung, verbunden mit einer Ausbildung in Belangen des Naturschutzes ist daher dringend geboten, und nur wer über eine solche Ausbildung verfügt und dann nicht einfach unkontrolliert, voller Emotion kompromißlos Beliebiges verteidigt, was sich ökologisch nicht verteidigen läßt, sollte im Naturschutz Verantwortung tragen. Der Versuch von emotionsgeladenen Naturschützern in Mitteleuropa, das Rad der Geschichte kompromißlos und vollständig anzuhalten oder gar zurückzudrehen, ist von vornherein zum Scheitern verurteilt. Eine verläßliche Zusammenarbeit politischer und wirtschaftlicher Planung ist für unser Überleben genauso wichtig wie ein verläßlicher und sicherer Naturschutz, der ein qualitatives Wirtschaftswachstum fördert, aber eine pathologische Landschaftsvernichtung verhindert.

Bei alledem muß man sich darüber im klaren sein: Die geforderten Entscheidungen des ausgebildeten und kenntnisreichen Ökologen mit naturschützerischer Zusatzqualifikation sind naturwissenschaftliche Entscheidungen und dürfen nicht politische Entscheidungen sein. Mehrheitsentscheidungen spielen hier keine Rolle, ebenso wie die Entscheidung von Umweltexperten über die Schadstoffbelastung von Wasser, Boden und Luft als naturwissenschaftliche Entscheidungen keine Mehrheitsentscheidungen von Vereinen und Verbänden sein können. Der derzeitige emotionsgeladene Naturschutz wird zurückstecken müssen, um stärker, um glaubwürdiger zu werden, um von Naturschwärmerei zu Naturschutz zu kommen.

NACHWORT

Dieses Buch ist geschrieben für Menschen, die mit Naturschutz konfrontiert werden und Entscheidungen treffen müssen. Diese Menschen sind normalerweise rein zeitlich kaum in der Lage, ein Buch über ein ihnen ferner stehendes Sachgebiet gründlich und richtig durchzuarbeiten. Diese Menschen werden plötzlich mit der Aufgabe konfrontiert, Gesetze und Vorschriften zu machen und ihre Durchführung durchzusetzen auf einem Gebiet, von dem sie kaum je gehört haben und das notgedrungen für sie nicht verständlich sein kann. So habe ich mich bemüht, das Buch locker, aber nicht seicht abzufassen; ein Buch zu schreiben, welches Wiederholungen bewußt in Kauf nimmt, damit man die einzelnen Kapitel auch getrennt voneinander mal gelegentlich lesen und verstehen kann. Ich wäre sehr froh, wenn mein Buch diesen Leserkreis ansprechen und sich hier als ein wenig hilfreich erweisen könnte.

Ein solches Buch, welches eine Gesamtschau des Naturschutzes versucht, ist gezwungen, Gedanken zu Ende zu denken. Das ist im Naturschutz bisher fast nie geschehen. Insofern kann ein solches Buch auch für Fachleute interessante Stellen enthalten.

Bisher scheint nämlich kein Versuch vorzuliegen, Gründe, Notwendigkeit und Durchführbarkeit des Naturschutzes in einem Aufsatz zu vereinigen. So wird Naturschutz von verschiedenen Kreisen äußerst verschieden verstanden. Dieses Buch wird daher bei vielen Menschen auf Kritik, Widerstand und sogar Ablehnung stoßen. Manchmal können die Dinge vor Ort auch anders aussehen, als das in einer Generalisierung darstellbar ist. Ich habe dies bewußt in dieser generellen Übersicht in Kauf genommen.

Das Buch wäre ohne viele Diskussionen mit vielen Menschen nicht entstanden. Für solche Diskussionen danke ich vor allen Dingen meinen Freunden H. Altner (Regensburg), E. Bezzel (Garmisch-Partenkirchen), H. Bibelriether (Grafenau), J. Reichholf und H. Reichholf-Riehm (Aigen-Inn), G. Vauk (Schneverdingen), W. Zielonkowski (Laufen), H. Zierl (Berchtesgaden). Sie alle haben das Manuskript nicht vorher gesehen – meist nicht einmal geahnt, daß ich an diesem Buch arbeite. Ich halte es daher für möglich, daß sie mit vielen Dingen nicht einverstanden sind, und ich bitte hier schon von vornherein um Entschuldigung.

Der Springer-Verlag nahm dieses Buch an, obwohl es aus seinem normalen Verlagsprogramm herausfällt. Mein Dank gilt hier insbesondere Herrn Dr. Czeschlik und Herrn Dr. Springer. Möge auch ihnen dieses Buch Freude bereiten!

Marburg, Juni 1988   Hermann Remmert